双定子风力发电机的研究与分析

刘豪 著

中国水利水电出版社

www.waterpub.com.cn

·北京·

内 容 提 要

针对目前风电对发电机提出功率密度高、可靠性高和维护成本低的要求，结合风能优势，本书提出一种具有永磁/笼障混合转子结构的新型双定子风力发电机用来满足风力发电的需求。基于电机的结构和工作原理，对双定子风力发电机的磁场调制机理和磁场解析，总结出设计双定子风力发电机的原则和方法以及模块化分配规律，并开发了性能计算软件平台。基于电机电磁场的分析，结合电机假定条件，分析双定子风力发电机温升。

本书可为研究双定子风力发电机的理论奠定基础和技术支撑，同时也为相关专业科研人员、教师、学生提供有益参考和帮助。

图书在版编目（CIP）数据

双定子风力发电机的研究与分析 / 刘豪著. -- 北京：中国水利水电出版社，2024. 7. -- ISBN 978-7-5226 -2510-2

Ⅰ．TM315

中国国家版本馆CIP数据核字第2024RF0161号

书　　　名	**双定子风力发电机的研究与分析** SHUANG DINGZI FENGLI FADIANJI DE YANJIU YU FENXI
作　　　者	刘豪　著
出 版 发 行	中国水利水电出版社 （北京市海淀区玉渊潭南路1号D座　100038） 网址：www.waterpub.com.cn E-mail：sales@mwr.gov.cn 电话：（010）68545888（营销中心）
经　　　售	北京科水图书销售有限公司 电话：（010）68545874、63202643 全国各地新华书店和相关出版物销售网点
排　　　版	中国水利水电出版社微机排版中心
印　　　刷	北京印匠彩色印刷有限公司
规　　　格	184mm×260mm　16开本　8印张　195千字
版　　　次	2024年7月第1版　2024年7月第1次印刷
印　　　数	0001—1000册
定　　　价	**58.00元**

前　言

　　能源是人类文明进步的重要物质基础和动力，攸关国计民生和国家安全。"十四五"时期是我国向第二个百年奋斗目标进军的第一个五年，也是我国加快能源绿色低碳转型、落实应对气候变化国家自主贡献目标的攻坚期。因此，我国对可再生能源的发展给予了高度重视。可再生能源包括风能、太阳能、水能、地热能等多种形式，其中风能因其可持续性、清洁性和广泛分布而备受瞩目，因此风力发电也正在世界范围内蓬勃发展。随着陆地风能资源的逐渐开发，风能产业正逐步向海上风力资源或低速风场转移。海上具有风力资源丰富、风速高、不占用土地资源、风速平稳和容易预测等优势，但是海上存在运输、吊装困难和维护成本高等问题，急需研究便于维护、高功率密度、高可靠性的大型风力发电机技术；同时，提高风电机组服役质量、制造技术水平和降低风电机组单位发电成本对提升风力发电竞争力具有重要现实意义。

　　目前应用于变速恒频风电系统的兆瓦级风力发电机主要有永磁同步发电机，存在成本高的不足，有刷双馈感应发电机，存在可靠性低和维护成本高的不足，因此他们在风力发电中的应用和推广受到限制。基于目前风电发展的需求和主流风力发电机存在的不足，本书提出了研究具有新型结构的双定子风力发电机，由于该发电机具有功率密度高、运行可靠等特点，世界各国越来越重视研究该类发电机。从目前国内外可检索的资料来看，双定子风力发电机的磁场调制理论、设计原则和方法、优化设计、机械强度、控制系统、温升和冷却、服役质量等研究还不够完善，在某种程度上已经影响了双定子风力发电机的应用发展。因此，深入研究双定子风力发电机的理论和实现技术方法是非常必要和急需的。

　　本书以双定子风力发电机为研究对象，笔者结合该类电机近十年的理论学习、工作经验和实践，对永磁/笼障混合转子耦合双定子风力发电机的机理、磁场分析、电磁设计、模块化设计、性能计算软件平台开发和温升计算等方面进行深入研究，旨在帮助读者深入理解该类电机的性能特点和工作机理，也可为电机的设计、优化和控制提供重要参考和支持。

　　全书共分 7 章。第 1 章主要阐述了双定子风力发电机研究的目的和意义，结合现代风力发电的需求和目前主流风力发电机的不足，提出了双定子风力发电机的研究内容；同时也阐述了双气隙结构风力发电机和模块化结构设计电机的研究现状和发展动态。第 2 章主要介绍了双定子风力发电机的基本结构和工作原理，具体研究了具有永磁/笼障混合转子结构的双定子风力发电机的磁场调制理论，推导出了该发电机的气隙磁通密度；结合发电机的基本电磁关系，推导出了永磁/笼障混合转子耦合双定子风力发电机的电压方程、电流方程、电磁转矩和等效电路。基于电机的基本方程，推导出该发电机在稳态运行下的有功功率流和无功功率流，为该类发电机理论研究奠定基础。第 3 章主要对具有永磁/笼障混合转子结构的双定子风力发电机进行磁场分析，根据磁场分析方法的特点和适用范围，选取解析法、有限元法和磁路法分析该类电机。基于电机的工作原理和结构，结合电机的假定条件，提出了永磁/笼障混合转子耦合双定子风力发电机的"分层解析模型"，结合该电机实际情况对功率绕组、控制绕组、笼条和永磁体等效电流密度，采用分离变量法推导出该发电机各区矢量磁位；结合电机的边界条件，推导出该发电机各区磁通密度，并举例验证分析方法的正确性和有效性。第 4 章主要介绍双定子风力发电机的设计与性能计算。基于电机的工作原理和结构，结合电机设计技术要求，确定研究电机的定转子结构型式。在此基础上，进行永磁/笼障混合转子耦合双定子风力发电机的电磁设计，并考虑了该电机内外单元电机功率分配原则、主要尺寸确定方法、极槽配合规律、定子绕组连接方式和电功率校核计算程序等问题；设计了一台 300kW 永磁/笼障混合转子耦合双定子风力发电机，分析了该发电机的电磁性能参数，并开发了该类电机性能计算 CAD 软件平台；同时比较了所设计双定子风力发电机与常规风力发电机系统，并考虑了转矩密度、风电机组特征和经济技术，这些为该类电机的理论研究奠定了理论基础和技术支撑。第 5 章主要介绍双定子风力发电机的转子优化和模块化设计。基于双定子风力发电机的永磁/笼障混合转子结构，深入研究了转子内磁障结构、笼条结构、转子外永磁体尺寸、极弧系数、导磁层数、笼条数和斜槽对转子耦合能力的影响，并总结出了转子结构参数选取的原则和方法。在此基础上，采用田口法优化了该发电机的主要尺寸，确定了该发电机一套较优的转子结构参数且分析了转子耦合能力；同时分析了该发电机的结构和不同绕组的结构特点、绕组电动势，总结出了该类发电机模块化分配规律，确保各模块电磁特性的一致性。第6章主要对永磁/笼障混合转子耦合双定子风力发电机进行温度场计算。基于电机的结构，结合电机的假定条件，对电机绕组、绝缘等进行等效处理。在此基础上，建立了该发电机的热网络模型，结合电机损耗计算，采用热网络法计算了该发电机各部件温升，并采用有限元法验证结果。第7章主要总结了双定子风力发电机的磁场调制机理、电磁分析、设计原则和方法、转子耦合能力分析、模块化实现方案、温升计算、参数计算与性能计算CAD软件平台开发等研究内容，并与常规风力发电机作比较，完善了该发电机理论和技术。

在本书撰写过程中，得到了河南省高等学校重点科研项目（No.22A470004）、高效节能伺服永磁电机及其控制系统开发项目（No.K‐H2023105、No.K‐X2023114，横向项目）、精密机床用直线永磁同步电动机及其控制系统开发项目（No.K‐H2024019，横向项目）、河南省教育科学规划项目（No.2022YB0346）的资助和支持，在此表示深深的感谢！

感谢家人及朋友对我深入科研无私的帮助和大力支持！感谢本书中引用文献的所有作者！感谢所有参与本书审阅、校稿的同仁们！

由于时间仓促及作者水平有限，书中不妥之处，敬请批评指正。

作者

2024年5月于河南城建学院

目　录

第1章 绪 论

1.1 研究背景和意义

能源是人类文明发展的核心动力，对于国计民生和国家安全具有至关重要的影响。伴随着能源和科技革命的新一轮浪潮，全球正经历着深刻变革。在这样的背景下，大力发展可再生能源已经成为全球能源转型和应对气候变化的关键战略选择，代表了国际社会的共同愿景和行动指南。这一宏大行动正推动着全球能源转型和工业体系的快速演进与重构。根据国际可再生能源署发布的数据，截至 2022 年，全球可再生能源发电总装机容量达 33.72 亿 kW，而我国可再生能源装机容量已达到 12.13 亿 kW，占据全球 35.97%，凸显出我国对可再生能源发展的重视。

"十四五"时期是我国全面建成小康社会、实现第一个百年奋斗目标之后，乘势而上开启全面建设社会主义现代化国家新征程、向第二个百年奋斗目标进军的第一个五年，也是我国加快能源绿色低碳转型、落实应对气候变化国家自主贡献目标的攻坚期，仅就 2022 年而言，可再生能源发电量可达 2.7 万亿 kW·h，相当于减少国内二氧化碳排放约 22.6 亿 t。因此，可再生能源在我国进入全新的发展阶段。根据《中华人民共和国可再生能源法》《中华人民共和国国民经济和社会发展第十四个五年规划和 2035 年远景目标纲要》和《"十四五"现代能源体系规划》的要求，制定了《"十四五"可再生能源发展规划》，该规划提出"推进能源革命，建设清洁低碳、安全高效的能源体系"，为加快构建我国现代能源体系明确了方向和路径，尤其提到风能、太阳能、水能、地热能和生物质能等可再生能源。

风能是取之不尽、用之不竭的可再生清洁能源，受到了世界各国的广泛重视，并在全球范围内蓬勃发展。根据全球风能理事会发布的数据，2011—2022 年全球累计风电总装机容量如图 1.1 所示，而我国 2022 年年底累计风电总装机容量已达 395.57GW，如图 1.2 所示，占全球风电总装机容量的 42.9%，位居世界第一，凸显出我国风力发电在世界上增长较为显著，符合国家"双碳"战略，为践行应对全球气候变化贡献力量。

对于陆上风电发展，截至 2018 年年底，我国装机容量已位居全球第一。但陆上风能资源存在着风力不稳定、风速不易控制等不足，且风能资源集中地区已开发殆尽，因此风力资源开发逐步向低速风电场和海上风电场转移。对于低速风电场，风电的发展在某些地区已取得了不错的成效，尤其是我国中东南部地区，增长趋势比较明显。对于海上风电发展，截至 2022 年年底，全球海上风电总装机容量如图 1.3 所示，其中我国海上风电总装机容量（图 1.4）、新增装机容量均位居世界第一，截至 2023 年 9 月，我国海上风电装机容量已达 31.89GW，是世界上风力发电发展最快的国家之一。我国一次性建成的单体容

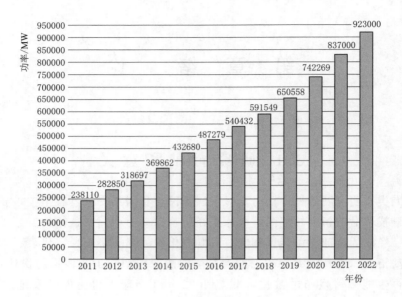

图 1.1　2011—2022 年全球累计风电总装机容量

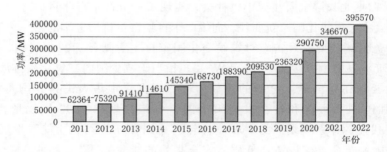

图 1.2　2011—2022 年我国累计风电总装机容量

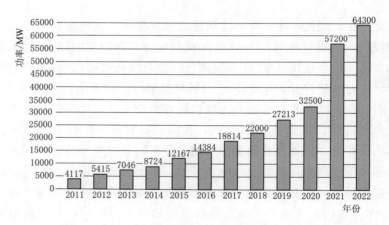

图 1.3　2011—2022 年全球海上风电总装机容量

量最大的海上风电项目——江苏响水近海风电场于 2016 年 10 月 17 日全部并网发电，该项目由 37 台单机容量为 4.0MW 的风电机组和 18 台单机容量为 3.0MW 的风电机组组成，总装机容量达 202MW，年上网电量约为 5.07 亿 kW·h；国内最大海上风电项目——华能如东海上风电场于 2021 年 6 月 29 日建成，该电场由 80 台 5MW 风电机组组成；同时我国投资建设的单体容量最大的海上风电场——三峡广东阳江沙扒海上风电项目，总装机容量 170 万 kW，安装 269 台海上风电机组，项目全部建成后每年可提供上网电量约 47 亿 kW·h，可满足约 200 万户家庭年用电量，与同等规模的燃煤电厂相比，每年可节约标准煤约 150 万 t、减排二氧化碳约 400 万 t，这预示着我国不仅海上风电发展规模日益壮大，而且还可为全球延缓变暖贡献力量。

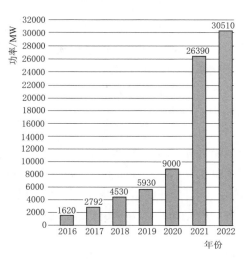

图 1.4　截至 2022 年年底我国海上
风电总装机容量

　　与陆上风电相比，海上风电具有如下优势：①海上风力资源丰富、风速高。在同样的海拔下，海上风速高于陆上风速，风能资源可开发量约为陆上的 3 倍，年发电量和能源效益比陆上分别高 500～1500h 和 20%～40%；②海上风电机组不占用土地资源，不会对居民和生物产生生太大的影响；③海上风电单机容量可以提高较大，由于噪声限制小，使得发电量大，年运行时间长；④海上风速平稳、容易预测；⑤海上风电场选址符合距离用电负荷近的要求。但海上风电机组也存在着运输、吊装、维护等困难且成本巨大，以及海水盐雾侵蚀等问题。总体而言，海上风电发展明显优于陆上风电。基于海上风电的优势，结合我国海岸线长达 18000km、可用海域面积 300 多万 km² 等优势，海上风力发电已成为我国乃至世界风电研究和开发的热点。

　　由于海上风电机组运输、吊装、维护等十分困难且成本巨大，对风电机组提出了更高的要求。一是为降低风电场的总体建设成本和更好地利用风能资源，所需发电机的单机容量越来越大，相应的体积也在增大［功率为 10MW 的直驱永磁同步发电机（转速 10r/min）的定子外径约为 10.3m、轴向长度为 1.8m］。为了便于大型风力发电机的加工、运输、吊装和维护，发电机结构采用模块化设计和制造已成为未来大容量风电机组的客观需求。二是受风电场建设环境的制约，要求在相同容量下尽可能减小发电机体积，即尽可能提高发电机功率密度［功率为 10MW 的直驱永磁同步发电机转子内径为 9.855m］。为了充分利用大径长比（直径/有效铁芯轴长）结构，将发电机设计为新型双定子或双转子结构是未来发展的趋势。三是要求提高发电机组的可靠性。因此，研究便于维护、高功率密度、高可靠性的大型风力发电机技术具有十分重要的价值，同时关注风电机组服役质量、制造技术水平，降低风电机组单位发电成本，对提升风电竞争力具有重要现实意义。

　　欧美各国风电发展较早，技术与应用方面均处于世界领先地位，已将 10MW 及以上功率等级的风电机组进行重点研究和推广。我国利用风能比较早，虽然应用风力发电起步较晚，但是风电发展突飞猛进，已位居世界第一；然而风电机组以单机容量小于 4MW 为主，其原因是大型风电机组面临着设备可靠性有待提高、功率密度低与风电资源评估不全面等诸多问题，同时风电机组还存在运输、吊装、维护等困难且成本巨大，这些阻碍了大型发电机应用于风电机组中。为此，我国急需突破 10MW 及以上等级风电机组整机和零部件设计的核心技术，加强自主创新和掌握核心技术知识产权，争取早日实现大型或超大型风力发电机国产化。

目前，应用于变速恒频（Variable Speed Constant Frequency，VSCF）风电系统的发电机有永磁同步发电机（Permanent Magnet Synchronous Generator，PMSG）、有刷双馈感应发电机（Daul - Feed Induction Generator，DFIG）、无刷双馈发电机（Brushless Daul - Feed Generator，BDFG）、鼠笼式异步发电机（Squirrel Cage Asynchronous Generator，SC - AG）和无刷电励磁同步风力发电机（Brushless Electric Excitation Synchronous Wind Generator，BEESWG），而兆瓦级变速恒频风电系统中最常用的有 PMSG 和 DFIG。PMSG 系统具有无刷可靠、力能指标高、低电压穿越能力强等突出优势，在大功率直驱或半直驱风力发电系统中得到了大规模的应用，直驱式永磁风力发电机系统结构示意图如图 1.5 所示。随着电机容量的增大，永磁材料用量和成本增加，如 2MW 直驱永磁风力发电机（定子外径 4.1m、转速 22.5r/min）永磁体质量约为 1.4t、10MW 直驱永磁风力发电机（定子外径 10.3m、转速 10r/min）永磁体重量约为 6t；电机的体积也在增大，相应的风电机组机舱体积也在增加，增加了空间安装和吊装的难度，对应的成本也在增加；同时风电机组塔架（如 16MW 单定子单转子风电机组轮毂中心高度 152m、XW3.6MW - 155 风电机组的发电机中心轮毂高度达到史无前例 170m）、叶片（如 1.5MW 风电机组叶片长度不到 40m，而 16MW 叶片长达到 123m）成本也在增加，因此成本问题成为制约永磁发电机发展的一个主要问题。

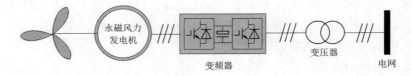

图 1.5　直驱式永磁风力发电机系统结构示意图

有刷双馈感应发电机依靠调节转子励磁电流的大小、频率和相序来确保定子输出电压和频率恒定。该发电机是转差功率转换型风力发电机系统的主要发电机机型，有刷双馈感应风力发电机系统结构示意图如图 1.6 所示。在提高风能利用率和风电能量转换频率的同时，还可实现有功功率和无功功率的灵活控制，且所需变频器容量较小、成本较低。然而，其电刷和滑环需要经常维护，尤其是海上维护不方便且成本更高，这与风电系统高可靠性发展趋势相悖。

无刷双馈发电机是近年发展起来的一种新型发电机。该发电机由于消除了电刷和滑环装置，具有可靠性高、仅需滑差功率变频器和维护费用低等优点，但是它功率密度低。虽然采用双定子结构，该类型发电机功率密度有所改善，但是与永磁同步发电机相比，在相同转速和功率等级下，双定子无刷双馈发电机体积增加较大，这也阻碍了其在风电系统中

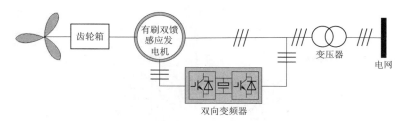

图 1.6　有刷双馈感应风力发电机系统结构示意图

的推广和应用。

　　鼠笼式异步发电机具有结构简单、制造容易、成本低和运行维护方便等优点，而系统具有可靠性高、调速范围宽等优点，但是需要全功率变流器，成本高，同时该发电机不产生无功，而消耗无功。

　　无刷电励磁同步风力发电机是近年来提出的一种新型发电机，该发电机除具有常规电励磁同步发电机转速恒定、功率因数可调和效率高等优点外，还具有无电刷滑环结构、免维护和可靠性高等特点。该发电机定子上嵌有两套极对数不同的绕组，即功率绕组和控制绕组，功率绕组直接接电网，而控制绕组接直流电源。该发电机结构简单、易加工和维护成本低，但是效率低。该类型发电机采用双定子结构，功率密度有所改善。双定子无刷双馈风力发电机结构如图 1.7 所示。在转速和功率等级相同

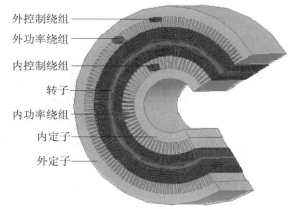

图 1.7　双定子无刷双馈风力发电机结构

的条件下，其与永磁风力发电机作比较，见表 1.1。由表 1.1 分析可知，双定子无刷双馈风力发电机体积比永磁风力发电机体积大 33.66%，然而前者效率比后者略低。

表 1.1　　　　　　　　双定子无刷双馈风力发电机与永磁风力发电机

参　数	双定子无刷双馈风力发电机	永磁风力发电机
额定功率/kW	3200	3200
额定电压/V	690	690
转速/(r/min)	360	360
外定子外径/mm	1900	1492
铁芯轴长/mm	900	1092
效率/%	93.69	97.65

　　为了解决双馈风力发电机和永磁风力发电机存在的问题，满足现代风力发电发展的要求，本书将采用磁场调制技术和永磁电机技术相结合，充分利用大径比空间，提出了一种具有永磁/笼障混合转子和双定子结构的新型风力发电机应用于未来海上或偏远地区风电

系统。永磁/笼障混合转子耦合双定子风力发电机具有内、外定子，其结构示意图如图 1.8 所示。

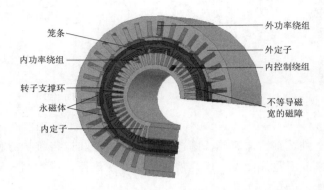

图 1.8　永磁/笼障混合转子耦合双定子风力发电机结构示意图

永磁/笼障混合转子耦合双定子风力发电机与常规风力发电机相比较，具有独特的优势，具体如下：

（1）与永磁同步发电机相比较。永磁/笼障混合转子耦合双定子风力发电机可以提高功率密度或减少体积；永磁同步发电机采用铷铁硼作为永磁体，存在着可能失磁或退磁的危险，一旦失磁，影响该发电机运行的可靠性；然而所提出的永磁/笼障混合转子耦合双定子风力发电机也存在上述风险，如遇到此问题可将外单元电机输电支路切除，仅由内单元电机供电，内单元电机不存在上述问题，提高了该发电机运行的可靠性（原因是内外单元电机并联供电）。

（2）与有刷双馈感应发电机相比较。永磁/笼障混合转子耦合双定子风力发电机由于取消了电刷和滑环，无需定期更换电刷，提高了电机长期运行的可靠性，同时也大大降低了风电场正常运行的维护成本，尤其是对于海上或偏远地区风电机组维护十分困难的场合。

（3）与无刷双馈发电机相比较。永磁/笼障混合转子耦合双定子风力发电机可以提高功率密度或减少体积，同时也提高该发电机效率和转矩密度。

因此，永磁/笼障混合转子耦合双定子风力发电机在海上或偏远地区具有广阔的应用前景。

1.2　国内外研究现状及发展动态

1.2.1　双气隙结构风力发电机

针对风电发展的需求，风电机组向着大型化、高功率密度和高可靠性方向发展。为了提高发电机的功率密度，国内外一些科研爱好者、科研机构以及风电公司提出了双定子或双转子结构的风力发电机。

对于双转子结构的风力发电机，加拿大学者提出并研究了一种双转子风力发电机，与传统单转子风力发电机相比，风能利用率提高了 20%～30%，风能利用系数达 0.6 以上。

除此之外，国内学者也进行了一些相关的研究，如江苏大学施凯研究的双转子永磁风力发电机，其结构如图 1.9 所示；浙江大学王云冲研究了一种新型双转子磁通双向调制永磁发电机，如图 1.10 所示，应用于偏远地区或海上岛屿供电。

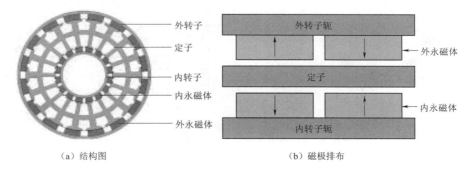

（a）结构图　　　　　　　　　　　（b）磁极排布

图 1.9　双转子永磁风力发电机结构示意图

（a）定子　　　　　　　（b）外转子　　　　　　（c）内转子

图 1.10　双转子磁通双向调制永磁发电机

对于双定子结构的风力发电机，目前国内外学者均以双定子永磁同步发电机为主，正处于先期理论和样机研究以及实验阶段。伊朗 Amirkabir 大学 Ayoub Kavousi 对应用于风力发电的双定子感应发电机进行了研究。上海交通大学梅凡采用场路耦合法设计了一台应用于海上风电的 10MW 六相双定子永磁同步发电机的电磁方案，其结构如图 1.11 所示；浙江大学黄晓艳研究的双定子超导永磁风力发电机进行了研究；沈阳工业大学张凤阁团队设计了具有 50kW 双定子和永磁/磁阻转子结构的低速大转矩电机，其结构如图 1.12 所示，图中内外定子上分别嵌有一套绕组；沈阳工业大学设计了笼障转子耦合双定子无刷双馈风力发电机，其结构如图 1.13 所示，并对该发电机机理、磁场分析、设计原则和方法、转子优化等进行了研究。文献［34］提出了一种新型交错双笼转子耦合双定子无刷双馈异步电机，如图 1.14 所示，主要研究了该电机转子内外笼导体摆放以及连接规律和不同槽/极组合，并进行样机性能实验验证。

综上所述，随着单机容量的增大，为了提升发电机的功率密度并最大化利用电机内部空间，同时考虑运输和吊装的便利性，开发应用于大型风力发电机的双定子结构正逐渐成

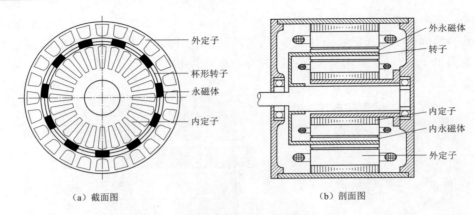

（a）截面图　　　　　　　　　　　　　　（b）剖面图

图 1.11　双定子永磁同步发电机结构图

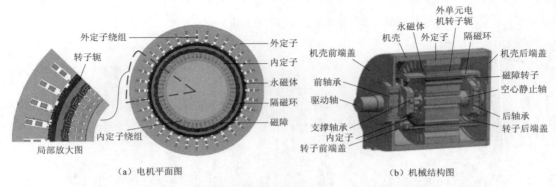

（a）电机平面图　　　　　　　　　　　（b）机械结构图

图 1.12　双定子和永磁/磁阻转子结构的低速大转矩电机

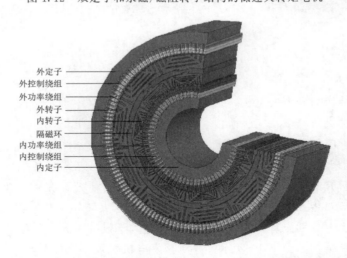

图 1.13　笼障转子耦合双定子无刷双馈风力发电机结构示意图

为未来发展的主导方向。

1.2.2　模块化结构设计电机

兆瓦级直驱式或半直驱式风力发电机由于转速低，总体尺寸较大，给发电机的运输和

（a）外定子

（b）端部交错连接

（c）内定子

（d）样机

图 1.14 交错双笼转子耦合双定子无刷双馈异步电机

吊装带来难度，一般要求发电机外径最大不要超过 4m（10MW 直驱永磁同步发电机定子外径约为 10.3m）。为此，提出采用模块化设计发电机结构。美国俄亥俄州立大学徐隆亚和高乐提出了一种采用模块化设计的兆瓦级半直驱无刷双馈发电机，如图 1.15 所示。T. B. 克里斯滕森等提出了对发电机的机壳结构模块化设计，如图 1.16 所示。沈阳工业大学安忠良提出了一种新型模块化结构，其转子采用挂极结构，每个磁极为一个单元模块；定子采用挂齿结构，每个定子齿通过叠装并绕上线圈后挂到机壳上，其结构和组装如图 1.17 所示。张兆宇等提出了一种可拆卸低速大转矩永磁电机定子模块结构，如图 1.18 所示。该定子铁芯结构与常规电机结构的区别在于绕组端部非重叠，因而带绕组定子铁芯可以按照单元电机拆分成若干独立模块，各个模块之间没有绕组端部的连接，进而可以方便地进行组装或者拆卸，提高生产效率、降低维护成本。文献［39］对 1.5MW 的永磁风力发电机定转子进行了模块化设计，设计定子的齿部与轭部分离，通过鸽尾结构进行连接，如图 1.19 所示。文献［40］提出了一种采用不等跨距绕组的低速大功率模块组合式定子永磁电机结构，定子绕组采用不等跨距结构，使其定子模块之间相互独立，在系统结构拓扑方面，该电机系统设计成模块化组合的方式，每个模块为一相，且由一个子电机和驱动控制单元组成，如图 1.20 所示。文献［42］提出采用去除线圈绕组、定子分瓣制作和绕组按模块下线方式对直驱永磁电机模块化设计，如图 1.21 所示，该电机定子绕组在圆周上不再均匀分布。

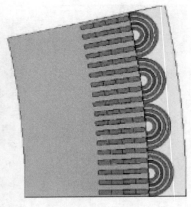

图 1.15　兆瓦级半直驱无刷双馈发电机及其模块结构示意图

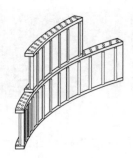
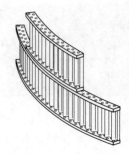

图 1.16　发电机机壳模块化结构

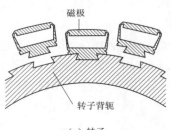

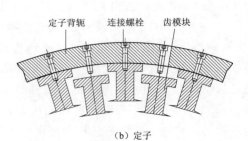

（a）转子　　　　　　　　　　　　　（b）定子

图 1.17　电机各单元模块及组装方式

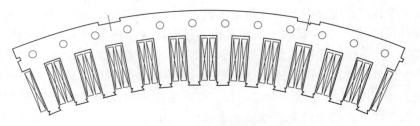

图 1.18　可拆卸定子铁芯模块

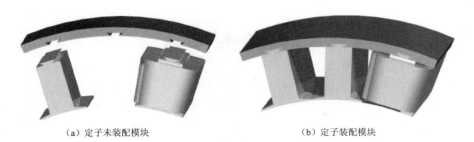

（a）定子未装配模块　　　　　　　（b）定子装配模块

图 1.19　永磁风力发电机的定子模块化

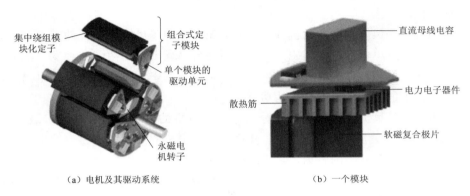

（a）电机及其驱动系统　　　　　　　（b）一个模块

图 1.20　集成式模块化轮毂电机系统

图 1.21　模块化直驱永磁电机定子绕组排布

从大型发电机模块化实现技术水平来看，目前国外对模块化技术的研究较多，并已形成了小批量应用，而国内对模块化技术的研究主要在实验室样机和电机定子，该研究对于槽数较多的情况和大型电机不合适，原因是采用此方法的电机模块过多，仅考虑装配方便，并没有考虑模块之间的电磁一致性和兼容性。随着风电市场对大型风电机组的需求量越来越大，功率等级的要求越来越高，必须解决大型发电机的模块化理论研究、结构设计、制造工艺等相关技术难题。

1.3　本　书　主　要　内　容

本书针对永磁/笼障混合转子耦合双定子风力发电机进行了一系列深入和全面的研究与分析,涵盖了其机理、磁场分析、电磁设计原则和方法、模块化实现方案、转子优化设计和温升计算,以及参数计算及性能计算 CAD 软件开发等方面。具体研究内容如下:

第 1 章为绪论。首先介绍了研究背景、研究意义,然后介绍了国内外双气隙结构的风力发电机发展趋势、模块化结构设计电机的研究现状以及相关的研究工作,最后介绍了本书的主要研究内容。

第 2 章为双定子风力发电机的机理。首先介绍了双定子风力发电机的基本结构和工作原理,推导出了该发电机的基本电磁关系。然后在此基础上,介绍了该种发电机的等效电路,主要包括电压方程、电流方程、电磁转矩。最后,基于该发电机的等效电路,研究了其稳态运行条件下的有功功率流和无功功率流。

第 3 章为双定子风力发电机的磁场分析。基于电机的特殊结构,结合永磁/笼障混合转子耦合双定子风力发电机的假定条件,建立了该发电机的分层解析模型。由于定子上嵌有不同极对数的绕组和复杂的磁场,采用逐槽法对绕组和笼条按实际分布情况计算等效电流密度;采用等效体电流法等效永磁体电流密度。基于永磁/笼障混合转子耦合双定子风力发电机的分层解析模型和绕组等效电流密度,采用分离变量法推导出了该发电机各区矢量磁位,结合该发电机边界条件,推导出了功率绕组励磁、控制绕组励磁、永磁体单独作用下双定子风力发电机的各区磁通密度,然后将不同励磁作用下的该发电机各区磁通密度进行叠加。在此基础上,以 300kW 永磁/笼障混合转子双定子风力发电机为研究对象,分析了该发电机的气隙磁通密度,并与有限元法分析结果作比较。

第 4 章为双定子风力发电机的设计与性能计算。首先确定双定子风力发电机的定转子结构类型,然后研究该种发电机的内外单元电机的功率分配原则、主要尺寸确定方法、极槽配合原则和方法、定子绕组连接特点和电功率校核计算程序等内容。在此基础上,设计了一台 300kW 永磁/笼障混合转子耦合双定子风力发电机,并计算和分析该发电机性能,且开发了该类电机性能计算的 CAD 软件平台;同时进行双定子风力发电机与常规发电机系统比较,并考虑了转矩密度、风电机组特征和经济技术。

第 5 章为双定子风力发电机的转子优化和模块化设计。基于永磁/笼障混合转子耦合双定子风力发电机的基本结构和工作原理,首先确定转子结构类型,然后研究了转子磁障拓扑结构、永磁体尺寸、笼条拓扑结构、极弧系数、导磁层数目、导磁层与非导磁层宽度比、转子支撑环、笼条数和斜槽对电机性能参数和转子耦合能力的影响,最后总结出转子结构的选取原则和方法。在此基础上,以 300kW 永磁/笼障混合转子耦合双定子风力发电机为研究对象,采用田口法优化该发电机主要参数,并分析转子支撑环漏磁密度与气隙磁通密度之比、有用谐波与基波之比,寻求较优的结构参数,并研究了该种发电机的定子、转子和绕组模块化实现方案。

第 6 章为双定子风力发电机的温度场计算。基于永磁/笼障混合转子耦合双定子风力发电机电磁场的研究,结合电机的假定条件,对该发电机绕组、绝缘和转子内笼障等进行等效处理。在此基础上，建立该发电机的热网络模型，结合电机损耗计算，计算和分析该发电机各部件的温升分布和温升情况，并采用有限元法验证电机各部件温升。

第 7 章为总结与研究展望。重点研究了双定子风力发电机的磁场调制机理、电磁分析、设计原则和方法、模块化实现方案、转子耦合能力分析、参数计算与性能计算 CAD 软件平台开发等问题，完善了该发电机电磁理论、总结出了永磁/笼障混合转子耦合双定子风力发电机设计原则和方法、转子结构参数对转子耦合能力影响的变化规律、模块化分配与绕组并联支路数、定子槽数、极对数之间的关系等，并与常规风力发电机进行详细比较。这些只是双定子风力发电机研究的一部分，仍有待于进一步研究该发电机的主要部件机械强度、应力以及海上因素的影响。

第 2 章　双定子风力发电机的机理

2.1　基本结构和工作原理

2.1.1　基本结构

双定子风力发电机（Dual-Stator Wind Power Generator，DSWPG）是一个多端口电机，由外定子、内定子和转子构成。定子上的绕组按照绕组可分为单套绕组、两套绕组和多套绕组；转子可分为笼障、磁障、笼条和永磁体等，其结构如图 2.1～图 2.6 所示。图 2.1（a）中内外定子上分别嵌有功率绕组，图 2.1（b）内外定子上分别嵌有两套绕组，同时内外定子上嵌有不同绕组，见表 2.1。由图 2.2 所示，图 2.2（a）为磁齿轮转子，该转子是由高速转子、磁场调制环、低速转子、永磁体组成，内外磁路并联；图 2.2（b）为内置式永磁转子，内外磁路可以串联也可以并联；图 2.2（c）为背靠背永磁转子，内外磁路并联；图 2.2（d）采用混合排列永磁体阵列，内外磁路既有串联又有并联，混合磁路结构。图 2.3 的转子采用背靠背磁障结构，是由外磁障、隔磁环和内磁障构成，内外磁路相对独立；由图 2.4 可知，该转子采用背靠背磁障＋笼条构成，此转子称为笼障转子，该转子由外磁障、笼条、隔磁环和内磁障构成，内外磁路相对独立。图 2.5 的转子由永磁体、转子支撑环和笼障转子构成，内外磁路相对独立。图 2.6 的转子是由外永磁体、转子支撑环和内磁障转子构成，内外磁路相对独立。基于上述电机定子和转子结构类别，结合各自特点，本书提出转子为永磁/笼障混合转子、定子为双定子、内外定子绕组为表 2.1 组合三的双定子风力发电机，即具有永磁/笼障混合转子结构的双定子风力发电机。该电机的研究理论和方法也适用该类发电机的研究，这里不再赘述。

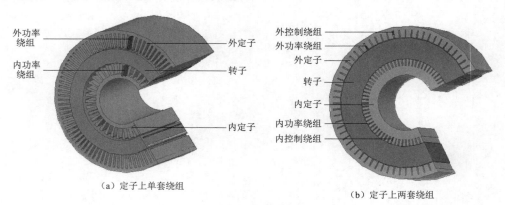

（a）定子上单套绕组　　　　　　　　　（b）定子上两套绕组

图 2.1　不同绕组的双定子电机

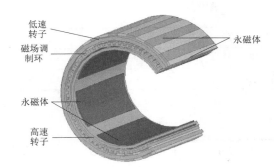

（a）磁齿轮转子

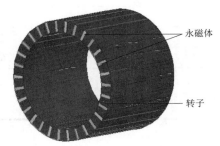

（b）内置式永磁转子（内外磁通串联）

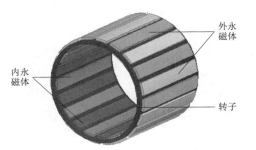

（c）背靠背永磁转子（内外磁通并联）

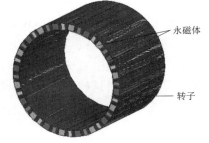

（d）混合排列永磁体阵列

图 2.2　不同永磁排列的单转子双定子电机

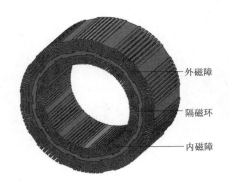

图 2.3　磁障转子

图 2.4　笼障转子

图 2.5　永磁/笼障转子

图 2.6　永磁/磁障转子

表 2.1　　　　　　　　　　　　　　内外定子不同绕组组合

定子	组合一	组合二	组合三	组合四
内定子	单套绕组	单套绕组	两套绕组	两套绕组
外定子	单套绕组	两套绕组	单套绕组	两套绕组

2.1.2　工作原理

　　双定子风力发电机（Dual-Stator Wind Power Generator，DSWPG）是一个多端口电机，其由 3 个电气端口和一个机械端口组成。该发电机由外定子、内定子和转子构成，其结构示意图如图 2.7 所示。外定子上嵌有一套三相功率绕组；而内定子上嵌有两套不同极对数的绕组，即功率绕组（Power Winding，PW）和控制绕组（Control Winding，CW）。内外定子上两套功率绕组既可以采用并联连接，也可以采用串联连接，他们经过双向变频器接电网；而控制绕组经整流器接电网，其连接图如图 2.8 所示。内外定子上的绕组不能直接耦合，需要通过特殊转子进行磁场调制才能实现能量转换。转子由转子永磁体、转子内笼障和转子支撑环组成，其中转子永磁体与外功率绕组进行磁场调制；而转子内笼障是

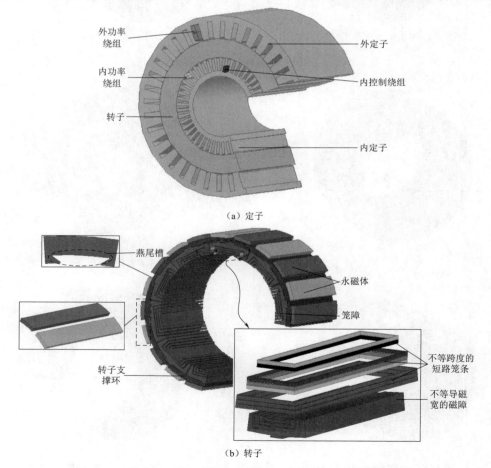

（a）定子

（b）转子

图 2.7　永磁/笼障混合转子耦合双定子风力发电机结构示意图

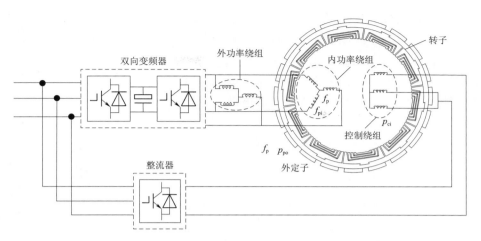

图 2.8　永磁/笼障混合转子耦合双定子风力发电机绕组连接图

由转子内磁障和转子内笼条组成，它对内控制绕组和内功率绕组进行磁场调制。由于转子支撑环使得转子内、外磁路相互独立，因此可将外定子、转子永磁体、转子支撑环和外气隙构成称为外单元电机；内定子、转子内磁障、转子内笼条和内气隙构成称为内单元电机。电机转速为

$$n_r = \frac{60(f_p \pm f_c)}{p} \tag{2.1}$$

其中

$$p = p_r = p_{pi} + p_{ci} \tag{2.2}$$

式中　　　　　n_r——转子转速；

f_p、f_c——功率绕组频率、控制绕组频率，此外 $f_c = 0$；

p、p_r、p_{pi} 和 p_{ci}——外功率绕组极对数、转子等效凸极数、内功率绕组极对数和内控制绕组极对数。

2.2　双定子风力发电机的磁场调制

由于永磁/笼障混合转子耦合双定子风力发电机外定子上嵌有一套功率绕组，而内定子上嵌有功率绕组和控制绕组两套极对数不同的绕组，这些绕组之间相互独立，而依靠转子进行磁场调制和耦合。同时，该种发电机在原理和结构上与常规同步发电机有较大差异，因此有必要研究该种发电机的磁场调制。

2.2.1　定子绕组磁动势

为了推导永磁/笼障转子耦合双定子风力发电机的气隙磁动势，作如下假设：

（1）定子三相绕组电流为理想正弦波，三相电流大小相同，相位互差 $120°$。

（2）忽略谐波成分，仅考虑定子绕组电流的基波分量。

（3）A 相绕组电流的初始角为零。

（4）A 相绕组轴线为空间参考坐标。

由于双定子风力发电机的内外磁路相互独立，该种发电机可以看作是由内外单元电机构成。以外单元电机为例，外功率绕组基波合成磁动势如图 2.9 所示。因此，外功率绕组磁动势表示为

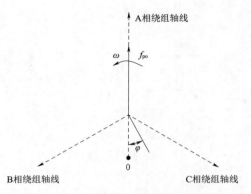

图 2.9　外功率绕组基波合成磁动势

$$f_{po}(\varphi,t)=F_{pom}\cos(p\varphi-\omega_{po}t) \quad (2.3)$$

其中
$$F_{pom}=\frac{1.35N_{po}k_{w1po}I_{po}}{p} \quad (2.4)$$

式中　f_{po}——外功率绕组合成磁动势；

　　　　φ——机械角度，它是相对于定子参考点的位置角；

　　　　ω_{po}——外功率绕组的电角速度；

　　　　F_{pom}——外功率绕组基波磁动势幅值；

　　　　N_{po}——外功率绕组每相串联匝数；

　　　　k_{w1po}——外功率绕组基波绕组系数；

　　　　I_{po}——外功率绕组相电流。

同理，内单元电机绕组的磁动势为

$$\begin{cases} f_{pi}(\varphi,t)=F_{pim}\cos(p_{pi}\varphi-\omega_{pi}t) \\ F_{pim}=\dfrac{1.35N_{pi}k_{w1pi}I_{pi}}{p_{pi}} \\ f_{ci}(\varphi,t)=F_{cim}\cos(p_{ci}\varphi-\alpha_{i}) \\ F_{cim}=\dfrac{1.35N_{ci}k_{w1ci}I_{ci}}{p_{ci}} \end{cases} \quad (2.5)$$

式中　f_{pi}、f_{ci}——内功率绕组合成磁动势和内控制绕组合成磁动势；

　　　　α_{i}——内功率绕组合成磁动势和内控制绕组合成磁动势轴线之间的夹角；

　　　F_{pim}、F_{cim}——内功率绕组基波磁动势的幅值和内控制绕组基波磁动势的幅值；

　　　N_{pi}、N_{ci}——内功率绕组每相串联匝数和内控制绕组每相串联匝数；

　　k_{w1pi}、k_{w1ci}——内功率绕组基波绕组系数和内控制绕组基波绕组系数；

　　　　I_{pi}、I_{ci}——内功率绕组相电流和内控制绕组相电流；

　　　　ω_{pi}——内功率绕组的电角速度。

2.2.2　气隙磁通密度

1. 外气隙

永磁体产生的气隙磁通密度为

$$B_{go}=B_{r}\frac{h_{m}}{\mu_{r}\delta_{oeff}} \quad (2.6)$$

式中　B_{go}——外气隙磁通密度；

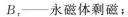

B_r——永磁体剩磁;

h_m——永磁体磁化高度;

μ_r——永磁体相对磁导率;

δ_{oeff}——外气隙有效气隙长度。

$$\delta_{oeff} = k_c\left(\delta_o + \frac{h_m}{\mu_r}\right) \tag{2.7}$$

式中 k_c——气隙系数;

h_m——永磁体磁化高度;

μ_r——永磁体相对磁导率;

δ_o——外气隙长度。

气隙磁通密度基波幅值为

$$B_{go1} = k_f B_{go} = \frac{4}{\pi}\sin\left(\frac{\pi b_m}{2\tau_{po}}\right)B_r\frac{h_m}{\mu_r\delta_{oeff}} \tag{2.8}$$

式中 k_f——气隙磁通密度的波形系数;

b_m——永磁体宽度;

τ_{po}——外单元电机极距。

2. 内气隙

(1) 气隙磁导函数。为了求解双定子风力发电机内气隙磁导函数,假设:①不考虑内定子齿槽的影响;②忽略铁芯磁压降;③不考虑铁芯磁饱和,磁路为线性;④转子表面的单位气隙磁导(单位面积磁导)为常数。

对于转子内笼障,可画出图 2.10(a)所示的理想转子内笼障等效气隙比磁导函数。每个笼障中短路笼条组数越多,转子内笼障等效气隙比磁导函数就越接近于正弦分布,如图 2.10(b)所示。

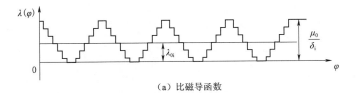

(a) 比磁导函数

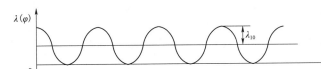

(b) 比磁导函数的近似表示

图 2.10 理想转子内笼障等效气隙比磁导函数

该气隙比磁导函数中起主导作用的是平均分量和基波分量,其可表示为

$$\lambda_{\delta i}(\varphi) = \lambda_{0i} + \lambda_{1i}\cos p_r(\varphi - \theta_{r0i} - \theta_r - \omega_{rm}t) \tag{2.9}$$

式中 λ_{0i}——内气隙磁导的平均分量；

$\lambda_{\delta i}$——内气隙磁导；

θ_r——外定子与内定子的相对位置；

θ_{r0i}——内功率绕组合成磁动势与内转子轴心线之间的夹角；

λ_{1i}——内气隙基波磁导幅值；

ω_{rm}——转子的机械角速度。

$$\omega_{rm}=\frac{\omega_{pi}+\omega_{ci}}{p_{pi}+p_{ci}} \tag{2.10}$$

式中 ω_{ci}——内控制绕组的电角速度。

（2）气隙磁通密度。气隙磁通密度等于磁动势与气隙比磁导函数的乘积。因此，双定子风力发电机的内气隙磁通密度可表示为

$$B_{\delta i}(\varphi,t)=(f_{pi}+f_{ci})\lambda_{\delta i} \tag{2.11}$$

将式（2.5）、式（2.9）、式（2.10）代入式（2.11），经推导整理后可得

$$\begin{aligned}B_{\delta i}(\varphi,t)=&\lambda_{0i}F_{pim}\cos(p_{pi}\varphi-\omega_{pi}t)+\frac{\lambda_{1i}F_{pim}}{2}\cos[(p_{pi}-p_r)\varphi\\&-(\omega_{pi}-p_r\omega_{rm})t+p_r(\theta_{r0i}+\theta_r)]+\frac{\lambda_{1i}F_{pim}}{2}\cos[(p_{pi}+p_r)\varphi\\&-(\omega_{pi}+p_r\omega_{rm})t-p_r(\theta_{r0i}+\theta_r)]+\lambda_{0i}F_{cim}\cos(p_{ci}\varphi-\alpha_i)\\&+\frac{\lambda_{1i}F_{cim}}{2}\cos[(p_{ci}-p_r)\varphi+p_r\omega_{rm}t+p_r(\theta_{r0i}+\theta_r)-\alpha_i]\\&+\frac{\lambda_{1i}F_{cim}}{2}\cos[(p_{ci}+p_r)\varphi-p_r\omega_{rm}t-p_r(\theta_{r0i}+\theta_r)-\alpha_i]\\=&B_{ip0}+B_{ic0}+B_{ip1(+)}+B_{ip1(-)}+B_{ic1(+)}+B_{ic1(-)}\end{aligned} \tag{2.12}$$

其中

$$\begin{cases}B_{ip0}=\lambda_{0i}F_{pim}\cos(p_{pi}\varphi-\omega_{pi}t)\\B_{ip1(+)}=\dfrac{\lambda_{1i}F_{pim}}{2}\cos[(p_{pi}+p_r)\varphi-(\omega_{pi}+p_r\omega_{rm})t-p_r(\theta_{r0i}+\theta_r)]\\B_{ip1(-)}=\dfrac{\lambda_{1i}F_{pim}}{2}\cos[(p_{pi}-p_r)\varphi-(\omega_{pi}-p_r\omega_{rm})t+p_r(\theta_{r0i}+\theta_r)]\\B_{ic0}=\lambda_{0i}F_{cim}\cos(p_{ci}\varphi-\alpha_i)\\B_{ic1(+)}=\dfrac{\lambda_{1i}F_{cim}}{2}\cos[(p_{ci}+p_r)\varphi-p_r\omega_{rm}t-p_r(\theta_{r0i}+\theta_r)-\alpha_i]\\B_{ic1(-)}=\dfrac{\lambda_{1i}F_{cim}}{2}\cos[(p_{ci}-p_r)\varphi+p_r\omega_{rm}t+p_r(\theta_{r0i}+\theta_r)-\alpha_i]\end{cases} \tag{2.13}$$

由式（2.12）可知，通过气隙磁导对定子内功率绕组磁动势和定子内控制绕组磁动势的调制作用，产生了气隙磁场的 6 种分量，其幅值与相对于定子的旋转速度各不相同，分别与定子绕组的极数、绕组电流的频率、幅值、相位和相序、转子结构以及转速等多种参数有关。

根据电机学原理，只有与绕组电流同频率的速度电动势才能产生机电能量转换。在式（2.13）描述的 6 种电动势中，B_{ip0}、B_{ic0} 与电机转速无关，产生的是变压器电动势，能产生速度电动势的只有其他几种，通过适当选取 p_{pi}、p_{ci} 与 p_r，则有可能在某种特定转速下，电机定子绕组才能获得与该绕组电流同频率的速度电动势。

将式（2.1）和式（2.10）代入式（2.13）中，经推导整理后可得

$$\begin{cases} B_{ip1(-)} = -\dfrac{\lambda_{1i}F_{pim}}{2}\cos[(p_{ci}\varphi - p_r(\theta_{r0i}+\theta_r)] \\ B_{ic1(-)} = -\dfrac{\lambda_{1i}F_{cim}}{2}\cos[p_{pi}\varphi - \omega_{pi}t - p_r(\theta_{r0i}+\theta_r)+\alpha_i] \end{cases} \quad (2.14)$$

$$\begin{cases} B_{ip1(+)} = \dfrac{\lambda_{1i}F_{pim}}{2}\cos[(p_{pi}+p_r)\varphi - 2\omega_{pi}t - p_r(\theta_{r0i}+\theta_r)] \\ B_{ic1(+)} = \dfrac{\lambda_{1i}F_{cim}}{2}\cos[(p_{ci}+p_r)\varphi - \omega_{pi}t - p_r(\theta_{r0i}+\theta_r)-\alpha_i] \end{cases} \quad (2.15)$$

$B_{op1(-)}$、$B_{ip1(-)}$ 在定子 $2p_c$ 极内控制绕组中产生的电动势角频率为零，而 $B_{oc1(-)}$、$B_{ic1(-)}$ 在定子 $2p_p$ 极内功率绕组中产生的电动势角频率为 ω_{pi}。由于感生于 $2p_{pi}$ 和 $2p_{ci}$ 极绕组内的速度电动势频率分别与各自绕组的电流频率相同，故可产生稳定的电磁转矩，从而实现电机的机电能量转换。

2.3　基　本　电　磁　关　系

永磁/笼障混合转子耦合双定子风力发电机定子上内外功率绕组采用并联联结时，其基本电磁关系如图 2.11 所示，其中 E、F、ϕ、U 和 I 分别为电动势、磁动势、磁通、电压和电流，下标 p、c、r、o、i、σ 和 m 分别为功率绕组、控制绕组、转子、外单元电机、内单元电机、漏磁通和主磁通。

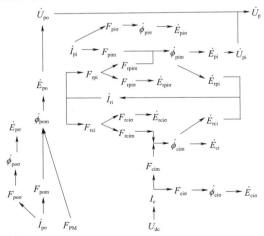

图 2.11　永磁/笼障混合转子耦合双定子风力发电机的基本电磁关系

2.4 等 效 电 路

等效电路是分析电机稳态性能的一种简便方法。该方法能够快速计算电机不同的性能参数，同时也有助于电机的设计和优化。

2.4.1 基本方程

从"路"的角度考虑，基于双定子风力发电机的基本电磁关系，当内外定子上的功率绕组采用并联连接，而内定子上控制绕组通过直流电时，其三相控制绕组采用两并一串接线方式（图2.12）时，该控制绕组的端电压和电流约束方程为

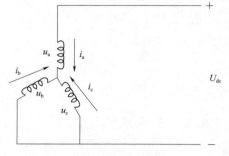

图 2.12 内控制绕组直流励磁方式

$$\begin{cases} u_{ab} = u_a - u_b = U_{dc} \\ u_{ac} = u_a - u_c = U_{dc} \\ i_a = -(i_b + i_c) \end{cases} \tag{2.16}$$

基于电机的基本电磁关系，结合内控制绕组励磁方式和共用一个转子，推导出该发电机的稳态耦合电路如图 2.13 所示。

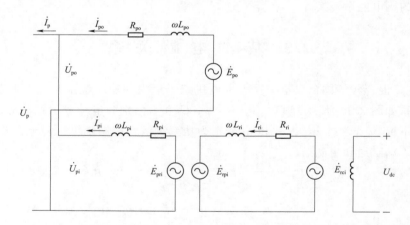

图 2.13 永磁/笼障混合转子耦合双定子风力发电机的稳态耦合电路

基于永磁/笼障混合转子耦合双定子风力发电机的稳态耦合电路，列写该发电机的电压方程为

$$\begin{cases} \dot{U}_p = \dot{U}_{po} = \dot{U}_{pi} \\ -\dot{U}_{po} = (R_{po} + j\omega L_{po})\dot{I}_{po} - \dot{E}_{po} \\ -\dot{U}_{pi} = (R_{pi} + j\omega L_{pi})\dot{I}_{pi} - \dot{E}_{pri} \\ 0 = (R_{ri} + j\omega L_{ri})\dot{I}_{ri} - \dot{E}_{rpi} - \dot{E}_{rci} \end{cases} \tag{2.17}$$

其中

$$\begin{cases} L_{po} = L_{\sigma po} + L_{mpo} \\ L_{pi} = L_{\sigma pi} + L_{mpi} \\ L_{ri} = L_{\sigma ri} + L_{mri} \end{cases} \tag{2.18}$$

式中 R_{po}、R_{pi}、R_{ri}——外功率绕组、内功率绕组和转子内笼条相电阻；

$L_{\sigma po}$、$L_{\sigma pi}$、$L_{\sigma ri}$——外功率绕组、内功率绕组和转子内笼条相漏电感；

L_{mpo}、L_{mpi}——外功率绕组、内功率绕组相主电感；

ω——转子角速度。

永磁/笼障混合转子耦合双定子风力发电机内外定子上的功率绕组采用并联连接时，该发电机的电流方程为

$$\dot{I}_p = \dot{I}_{po} + \dot{I}_{pi} \tag{2.19}$$

在忽略定子绕组和转子内笼条电阻的条件下，该发电机的电磁功率表示为

$$P_e = P_{po} + P_{pi} \approx 3\text{Re}[\dot{U}_{po}\dot{I}_{po}^*] + 3\text{Re}[\dot{U}_{pi}\dot{I}_{pi}^*] \tag{2.20}$$

式中 P_e——双定子风力发电机的电磁功率；

P_{po}、P_{pi}——外单元电机、内单元电机的电磁功率。

经整理后可得该发电机的电磁转矩为

$$P_e \approx 3\{\text{Im}[\dot{E}_{po}\dot{I}_{po}^*] + \text{Im}[\dot{E}_{pri}\dot{I}_{pi}^*]\} \tag{2.21}$$

在忽略定子绕组和转子笼条电阻的条件下，推导出永磁/笼障混合转子耦合双定子风力发电机内外定子上的功率绕组并联下的电磁转矩，即

$$T_e = \frac{pP_e}{\omega} \tag{2.22}$$

$$T_e = 3p \frac{\text{Im}[\dot{E}_{po}\dot{I}_{po}^*] + \text{Im}[\dot{E}_{pri}\dot{I}_{pi}^*]}{\omega} \tag{2.23}$$

2.4.2 等效电路分析

基于式（2.17），推导出永磁/笼障混合转子耦合双定子风力发电机的等效电路如图 2.14 所示。

折算后的该发电机基本方程为

$$\begin{cases} \dot{U}_p = \dot{U}_{po} = \dot{U}_{pi} \\ -\dot{U}_{po} = (R_{po} + j\omega L_{po})\dot{I}_{po} - \dot{E}_{po} \\ -\dot{U}_{pi} = (R_{pi} + j\omega L_{pi})\dot{I}_{pi} + (R'_{ri} + j\omega L'_{ri})(\dot{I}_{pi} + \dot{I}_{pim}) - \dot{E}'_{rci} \end{cases} \tag{2.24}$$

其中

$$\begin{cases} R'_{ri} = \left(\frac{N_{pi}k_{w1pi}}{N_{rpi}k_{wrpi}}\right)^2 R_{ri} \\ L'_{ri} = \left(\frac{N_{pi}k_{w1pi}}{N_{rpi}k_{wrpi}}\right)^2 L_{ri} \end{cases} \tag{2.25}$$

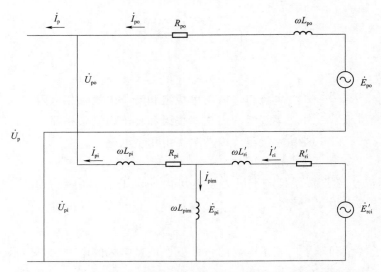

图 2.14　永磁/笼障混合转子耦合双定子风力发电机的等效电路

其中

$$k_{\mathrm{pri}} = \frac{N_{\mathrm{pi}} k_{\mathrm{w1pi}}}{N_{\mathrm{rpi}} k_{\mathrm{wrpi}}}$$

(2.26)

式中　　　　　　k_{pri}——内功率绕组与转子内笼条有效匝数比；

N_{pi}、N_{rpi}、k_{w1pi}、k_{wrpi}——内功率绕组匝数、转子笼条等效匝数、内功率绕组基波绕组因数和转子笼条基波绕组因数。

2.5　能　量　关　系

2.5.1　有功功率流

1. 外单元电机

基于永磁/笼障混合转子耦合双定子风力发电机外单元电机的电压方程式（2.24），两端同时乘以 $\dot{I}_{\mathrm{po}}^{*}$，可得

$$\dot{E}_{\mathrm{po}} \dot{I}_{\mathrm{po}}^{*} = \dot{U}_{\mathrm{po}} \dot{I}_{\mathrm{po}}^{*} + R_{\mathrm{po}} \dot{I}_{\mathrm{po}} \dot{I}_{\mathrm{po}}^{*} + \mathrm{j}\omega L_{\mathrm{po}} \dot{I}_{\mathrm{po}} \dot{I}_{\mathrm{po}}^{*}$$

(2.27)

式（2.27）两端取实部，经整理后可得

$$\underbrace{\mathrm{Re}[\dot{E}_{\mathrm{po}} \dot{I}_{\mathrm{po}}^{*}]}_{P_{\mathrm{po}}} = \underbrace{\mathrm{Re}[\dot{U}_{\mathrm{po}} \dot{I}_{\mathrm{po}}^{*}]}_{P_{\mathrm{2o}}} + \underbrace{R_{\mathrm{po}} |I_{\mathrm{po}}|^{2}}_{p_{\mathrm{Cupo}}}$$

(2.28)

式中　P_{po}——外单元电机电磁功率；

p_{Cupo}——外功率绕组铜耗；

P_{2o}——外功率绕组端点输出的电功率。

2. 内单元电机

基于永磁/笼障混合转子耦合双定子风力发电机外单元机有功功率流的推导方法，推

导该发电机的内单元电机有功功率，可得

$$\dot{E}'_{rci}\dot{I}^*_{pi}=\dot{U}_{pi}\dot{I}^*_{pi}+R_{pi}\dot{I}_{pi}\dot{I}^*_{pi}+j\omega L_{pi}\dot{I}_{pi}\dot{I}^*_{pi}$$
$$+(R'_{ri}+j\omega L'_{ri})\dot{I}_{pi}\dot{I}^*_{pi}+(R'_{ri}+j\omega L'_{ri})\dot{I}_{pim}\dot{I}^*_{pi} \tag{2.29}$$

式（2.29）两端取实部，经整理可得

$$\underbrace{\mathrm{Re}[\dot{E}'_{rci}\dot{I}^*_{pi}]+\omega L'_{ri}\mathrm{Im}[\dot{I}_{pim}\dot{I}^*_{pi}]}_{P_{pi}}=\underbrace{\mathrm{Re}[\dot{U}_{pi}\dot{I}^*_{pi}]}_{P_{2i}}+\underbrace{R_{pi}|I_{pi}|^2}_{p_{Cupi}}$$
$$+\underbrace{R'_{ri}|I_{pi}|^2+R'_{ri}\mathrm{Re}[\dot{I}_{pim}\dot{I}^*_{pi}]}_{p_{Curi}} \tag{2.30}$$

式中　　P_{pi}——内单元电机电磁功率；

　　p_{Cupi}——内功率绕组铜耗；

　　P_{2i}——内功率绕组端点输出的电功率；

　　p_{Curi}——转子笼条铜耗。

发电机轴上输入的机械功率扣除机械损耗和内外定子铁耗后，剩下的功率将通过磁场和电磁感应的作用，转换成外定子的电功率为

$$P_e=P_1-p_{Feo}-p_{Fei}-p_m-p_\alpha \tag{2.31}$$

其中

$$\begin{cases} P_e=P_{po}+P_{pi} \\ P_{po}=P_{2o}+p_{Cupo} \\ P_{pi}=P_{2i}+p_{Cupi}+p_{Curi} \\ P_2=P_{2o}+P_{2i} \\ p_{Fe}=p_{Feo}+p_{Fei} \\ p_{Cup}=p_{Cupo}+p_{Cupi} \end{cases} \tag{2.32}$$

式中　　P_1——输入的机械功率；

　p_{Feo}、p_{Fei}——外定子、内定子铁耗；

　　p_m——机械损耗；

　　p_α——附加损耗。

基于式（2.31）和式（2.32），推导出永磁/笼障混合转子耦合双定子风力发电机的有功功率关系，其有功功率流如图 2.15 所示。该分析方法也同样适用于该类发电机。

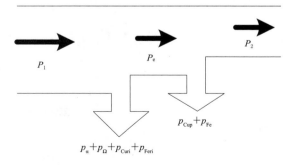

图 2.15　永磁/笼障混合转子耦合双定子风力发电机的有功功率流

2.5.2　无功功率流

1. 外单元电机

基于永磁/笼障混合转子耦合双定子风力发电机外单元电机电压方程式（2.24），将其两端取虚部，结合式（2.18），经推导整理后可得

$$\underbrace{\mathrm{Im}[\dot{E}_{\mathrm{po}}\dot{I}_{\mathrm{po}}^{*}]}_{Q_{\mathrm{po}}}=\underbrace{\mathrm{Im}[\dot{U}_{\mathrm{po}}\dot{I}_{\mathrm{po}}^{*}]}_{Q_{2\mathrm{o}}}+\underbrace{\omega L_{\sigma\mathrm{po}}|I_{\mathrm{po}}|^{2}}_{Q_{\sigma\mathrm{o}}}+\underbrace{\omega L_{\mathrm{mpo}}|I_{\mathrm{po}}|^{2}}_{Q_{\mathrm{mo}}} \tag{2.33}$$

式中　Q_{po}——输入外功率绕组气隙的无功功率；

$\quad\quad Q_{\sigma\mathrm{o}}$——外功率绕组漏电感上消耗的无功功率；

$\quad\quad Q_{\mathrm{mo}}$——外功率绕组作用在励磁电感上所消耗的无功功率；

$\quad\quad Q_{2\mathrm{o}}$——外功率绕组输出的无功功率。

2. 内单元电机

基于式（2.29）两端取虚部，结合式（2.18），经整理后可得

$$\underbrace{\mathrm{Im}[\dot{E}'_{\mathrm{rci}}\dot{I}_{\mathrm{pi}}^{*}]-R'_{\mathrm{ri}}\mathrm{Im}[\dot{I}_{\mathrm{pim}}\dot{I}_{\mathrm{pi}}^{*}]}_{Q_{\mathrm{pi}}}=\underbrace{\mathrm{Im}[\dot{U}_{\mathrm{pi}}\dot{I}_{\mathrm{pi}}^{*}]}_{Q_{2\mathrm{i}}}+\underbrace{\omega L_{\sigma\mathrm{pi}}|I_{\mathrm{pi}}|^{2}}_{Q_{\sigma\mathrm{i}}}+\underbrace{\omega L_{\mathrm{mpi}}|I_{\mathrm{pi}}|^{2}}_{Q_{\mathrm{mi}}}$$
$$+\underbrace{\omega L'_{\sigma\mathrm{ri}}(|I_{\mathrm{pi}}|^{2}+\mathrm{Re}[\dot{I}_{\mathrm{pim}}\dot{I}_{\mathrm{pi}}^{*}])}_{Q_{\mathrm{r}\sigma\mathrm{i}}}+\underbrace{\omega L'_{\mathrm{mri}}(|I_{\mathrm{pi}}|^{2}+\mathrm{Re}[\dot{I}_{\mathrm{pim}}\dot{I}_{\mathrm{pi}}^{*}])}_{Q_{\mathrm{rmi}}} \tag{2.34}$$

式中　Q_{pi}——输入内功率绕组气隙的无功功率；

$\quad\quad Q_{2\mathrm{i}}$——内功率绕组输出的无功功率；

$\quad\quad Q_{\sigma\mathrm{i}}$——内功率绕组漏电感上消耗的无功功率；

$\quad\quad Q_{\mathrm{r}\sigma\mathrm{i}}$——转子笼条作用在转子励磁电感上所消耗的无功功率；

Q_{mi}、Q_{rmi}——内功率绕组、转子笼条作用在励磁电感上所消耗的无功功率。

基于式（2.33）和式（2.34），推导出该发电机的无功功率关系为

$$\begin{cases} Q_{\mathrm{e}}=Q_{\mathrm{po}}+Q_{\mathrm{pi}} \\ Q_{2}=Q_{2\mathrm{o}}+Q_{2\mathrm{i}} \\ Q_{\mathrm{m}}=Q_{\mathrm{mo}}+Q_{\mathrm{mi}}+Q_{\mathrm{rmi}} \\ Q_{\sigma}=Q_{\sigma\mathrm{o}}+Q_{\sigma\mathrm{i}}+Q_{\mathrm{r}\sigma\mathrm{i}} \end{cases} \tag{2.35}$$

基于式（2.35），推导出永磁/笼障混合转子耦合双定子风力发电机的无功功率关系，其无功功率流如图 2.16 所示。

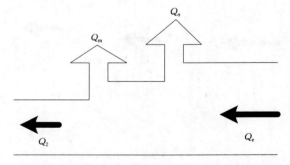

图 2.16　永磁/笼障混合转子耦合双定子风力发电机的无功功率流

永磁/笼障混合转子耦合双定子风力发电机的基本电磁关系、等效电路和能量关系的推导方法，同样也适用于该类发电机，这里不再一一赘述。

2.6　小　　结

基于永磁/笼障混合转子耦合双定子风力发电机的基本结构和工作原理，研究了该种发电机的磁场调制理论，推导出了该发电机的双气隙磁通密度函数，结合该种发电机的基本电磁关系，推导出了该发电机的电压方程、电流方程、电磁功率和电磁转矩；在此基础上，推导出了该发电机的等效电路；同时通过电压方程推导出了永磁/笼障混合转子耦合双定子风力发电机在稳态条件下的有功功率和无功功率，为研究和完善该种发电机的机理提供理论支撑。

第 3 章　双定子风力发电机的磁场分析

由于双定子和永磁/笼障转子的存在，该发电机的双气隙磁场分布与常规永磁风力发电机差异较大，因此需要研究永磁/笼障转子耦合双定子风力发电机的磁场。目前，旋转电机的磁场分析主要有等效磁路法、场路结合分析法、电磁场解析法、电磁场数值计算法等方法。

（1）等效磁路法是传统电机的分析方法。该方法具有直观、形象和计算简便等优点，但它是用少量参数构成的等效磁路模型来反映磁场的真实情况，很难精确计算，通用性差。

（2）场路结合分析法是指将电磁场和磁路法相结合进行分析。该方法思路是先利用电磁场数值计算法求出电机主要尺寸、极槽配合和极弧系数等参数，然后再将这些参数应用到磁路法的计算中，求取电机气隙磁密、齿磁密和轭部磁密等。

（3）电磁场解析法具有概念明确、易于理解、表达式明确和通用性较强等优点，但是，对于大多数问题分析需要以很多假设为前提，所以它主要应用于理论分析。常用的方法有分离变量法、积分变换法、复变函数法、格林函数法和近似解析法。在分析电机磁场时常用分离变量法。分离变量法是利用线性方程的叠加原理，先寻找一串满足偏微分方程和齐次边界条件且可以表示为几个仅含部分变量的函数乘积形式的解，再适当地组合与叠加这些函数。

（4）电磁场数值计算法主要有有限元法、边界元法、积分方程法和有限差分法等，其中有限元法已广泛应用于电磁场分析中。该方法具有通用性强、求解容易、收敛性好等优点，这些正是有限元法能作为计算机辅助设计核心模块的优势所在。

针对永磁/笼障混合转子耦合双定子风力发电机的磁场分析，采用解析法和有限元法两种。这两种方法各有优缺点，电磁场解析法通常用于获取基本的电磁关系和快速估算，而有限元法则能提供更为精准和详细的磁场分布。对于有限元法，主要在后面的电机性能计算中应用，本章仅详述采用电磁场解析法分析永磁/笼障混合转子耦合双定子风力发电机的磁场，并采用有限元法验证其结果。

3.1　等 效 电 流 密 度

3.1.1　绕组等效电流密度

永磁/笼障混合转子耦合双定子风力发电机外定子槽中嵌有三相功率绕组，这些绕组在槽中的位置如图 3.1（a）所示。位于外定子槽中的功率绕组均采用了双层短距绕组，这些绕组按实际情况计算等效电流密度。

1. **外功率绕组等效电流密度**

外功率绕组分上下层，采用逐槽法计算其等效电流密度，如图 3.1（b）所示。

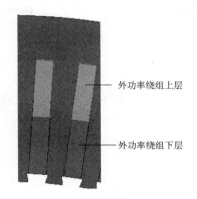

（a）外定子绕组在槽中的位置

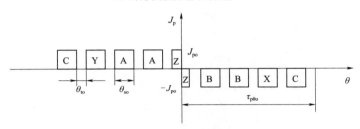

（b）外功率绕组上层等效电流密度

图 3.1　外定子绕组

计算图 3.1 中上层外功率绕组等效电流密度为

$$J_{po}^{up} = \sum_{n=1}^{\infty} b_n^{pupo} \sin\left(\frac{n\pi}{\tau_{p\theta o}}\theta\right) \tag{3.1}$$

其中

$$b_n^{pupo} = -\frac{32J_{po}}{n\pi} \sin\left(\frac{n\pi\theta_{so}}{2\tau_{p\theta o}}\right) \cos\left(\frac{n\pi}{\tau_{p\theta o}} \frac{\theta_{so}+\theta_{to}}{2}\right) \cos\left[\frac{n\pi}{\tau_{p\theta o}}(\theta_{so}+\theta_{to})\right]$$

$$\sin\left[\frac{n\pi}{\tau_{p\theta o}}(6\theta_{so}+6\theta_{to})\right] \cos^2\left[\frac{n\pi}{\tau_{p\theta o}}(2\theta_{so}+2\theta_{to})\right] \tag{3.2}$$

其中

$$J_{po} = \frac{2\sqrt{2}N_{pto}I_{po}}{a_{po}A_{po}S_{fo}} \tag{3.3}$$

$$\tau_{p\theta o} = \frac{\pi}{p_p} \tag{3.4}$$

式中　$\tau_{p\theta o}$——外功率绕组极距角；

θ_{so}——外功率绕组槽距角；

θ_{to}——外功率绕组齿距角；

A_{po}——外功率绕组槽面积；

N_{pto}——外功率绕组上层的槽导体数；

a_{po}——外功率绕组并联支路数。

同理，外功率绕组下层等效电流密度可表示为

$$J_{\text{po}}^{\text{down}} = \sum_{n=1}^{\infty} b_n^{\text{pdowno}} \sin\left[\frac{n\pi}{\tau_{\text{p}\theta o}}(\theta + \theta_{\text{pdowno}})\right] \tag{3.5}$$

其中

$$b_n^{\text{pdowno}} = b_n^{\text{pupo}} \tag{3.6}$$

式中　θ_{pdowno}——以外功率绕组上层坐标为参考点，外功率绕组下层与外功率绕组上层之间的位置差角；

　　　b_n^{pdowno}——待定系数。

2．内定子绕组等效电流密度

双定子风力发电机内定子槽中嵌有控制绕组和功率绕组，这些绕组位于槽中位置如图 3.2（a）所示。内定子绕组等效电流密度与外定子绕组求解方法类同。

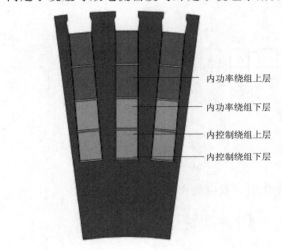

（a）内定子绕组在槽中的位置

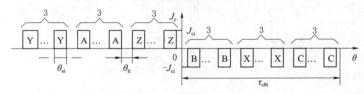

（b）内控制绕组上层等效电流密度

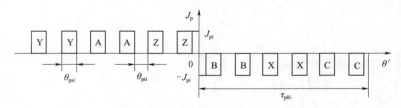

（c）内功率绕组上层等效电流密度

图 3.2　内定子绕组

（1）内控制绕组等效电流密度。基于内控制绕组位置［图 3.2（b）］，推导内控制绕组上层等效电流密度结果为

$$J_{\mathrm{ci}}^{\mathrm{up}} = \sum_{n=1}^{\infty} b_n^{\mathrm{cupi}} \qquad (3.7)$$

其中

$$b_n^{\mathrm{cupi}} = -\frac{4J_{\mathrm{ci}}}{n\pi} \sin\left(\frac{n\pi}{\tau_{\mathrm{c\theta i}}}\frac{\theta_{\mathrm{si}}}{2}\right) \sin\left[\frac{1}{2}\frac{n\pi}{\tau_{\mathrm{c\theta i}}}(9\theta_{\mathrm{si}}+9\theta_{\mathrm{ti}})\right] \left\{1+2\cos\left[\frac{n\pi}{\tau_{\mathrm{c\theta i}}}(\theta_{\mathrm{si}}+\theta_{\mathrm{ti}})\right]\right\}$$
$$\left\{1+\cos\left[\frac{n\pi}{\tau_{\mathrm{c\theta i}}}(3\theta_{\mathrm{si}}+3\theta_{\mathrm{ti}})\right]\right\} \qquad (3.8)$$

$$J_{\mathrm{ci}} = \frac{2N_{\mathrm{cti}}I_{\mathrm{ci}}}{a_{\mathrm{ci}}A_{\mathrm{ci}}S_{\mathrm{fi}}} \qquad (3.9)$$

$$\tau_{\mathrm{c\theta i}} = \frac{\pi}{p_{\mathrm{cin}}} \qquad (3.10)$$

式中　　$\tau_{\mathrm{c\theta i}}$——内控制绕组极距角；

θ_{si}——内控制绕组槽距角；

θ_{ti}——内控制绕组齿距角；

A_{ci}——内控制绕组槽面积；

N_{cti}——内控制绕组上层的槽导体数；

a_{ci}——内控制绕组并联支路数；

S_{fi}——内定子槽满率。

同理，推导内控制绕组下层等效电流密度结果为

$$J_{\mathrm{ci}}^{\mathrm{down}} = \sum_{n=1}^{\infty} b_n^{\mathrm{cdowni}} \sin\left(\frac{n\pi}{\tau_{\mathrm{c\theta i}}}\theta_{\mathrm{cdowni}}\right) \qquad (3.11)$$

其中

$$b_n^{\mathrm{cdowni}} = b_n^{\mathrm{cupi}} \qquad (3.12)$$

式中　　θ_{cdowni}——以内控制绕组上层坐标为参考点，内控制绕组上下层之间的位置差角；

b_n^{cdowni}——待定系数。

（2）内功率绕组等效电流密度。内功率绕组等效电流密度与外功率绕组等效电流密度求解方法相同，不再赘述。基于内功率绕组位置［图 3.2（c）］，推导内功率绕组上层等效电流密度结果为

$$J_{\mathrm{pi}}^{\mathrm{up}} = \sum_{n=1}^{\infty} b_n^{\mathrm{pi}} \sin\left[\frac{n\pi}{\tau_{\mathrm{p\theta i}}}(\theta+\theta_{\mathrm{pupi}})\right] \qquad (3.13)$$

其中

$$b_n^{\mathrm{pi}} = -\frac{16J_{\mathrm{pi}}}{n\pi} \sin\left(\frac{n\pi}{\tau_{\mathrm{p\theta i}}}\frac{\theta_{\mathrm{si}}}{2}\right) \cos\left[\frac{1}{2}\frac{n\pi}{\tau_{\mathrm{p\theta i}}}(\theta_{\mathrm{si}}+\theta_{\mathrm{ti}})\right]$$
$$\sin\left[\frac{n\pi(3\theta_{\mathrm{si}}+3\theta_{\mathrm{ti}})}{\tau_{\mathrm{p\theta i}}}\right] \cos^2\left[\frac{n\pi(\theta_{\mathrm{si}}+\theta_{\mathrm{ti}})}{\tau_{\mathrm{p\theta i}}}\right] \qquad (3.14)$$

$$J_{pi} = \frac{2\sqrt{2}\,N_{pti}\,I_{pi}}{a_{pi}A_{pi}S_{fi}} \tag{3.15}$$

$$\tau_{p\theta i} = \frac{\pi}{p_{pin}} \tag{3.16}$$

式中　$\tau_{p\theta i}$——内功率绕组极距角；

　　　　θ_{si}——内功率绕组槽距角；

　　　　θ_{ti}——内功率绕组齿距角；

　　　　A_{pi}——内功率绕组槽面积；

　　　　N_{pti}——内功率绕组上层绕组的槽导体数；

　　　　a_{pi}——内功率绕组并联支路数；

　　　　θ_{pupi}——以外功率绕组上层坐标为参考点，内功率绕组上层与外功率绕组上层之间的位置差角。

同理，推导内功率绕组下层等效电流密度结果为

$$J_{pi}^{down} = \sum_{n=1}^{\infty} b_n^{pdowni} \sin\left[\frac{n\pi}{\tau_{p\theta i}}(\theta + \theta_{pdowni})\right] \tag{3.17}$$

其中

$$b_n^{pdowni} = b_n^{pupi} \tag{3.18}$$

式中　θ_{pdowni}——以内功率绕组上层坐标为参考点，内功率绕组下层与外功率绕组上层之间的位置差角；

　　　　b_n^{pdowni}——待定系数。

3. 笼条

双定子风力发电机转子采用永磁体和笼障背靠背结构，转子内笼条如图 3.3 所示。

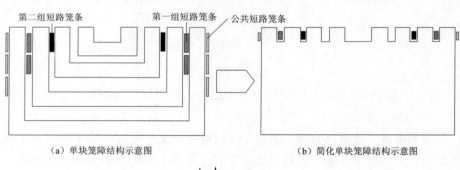

（a）单块笼障结构示意图　　　　　　　　（b）简化单块笼障结构示意图

（c）转子内笼条等效电流密度

图 3.3　转子内笼条

根据实际情况，转子内笼障中短路笼条作为励磁源，需研究笼条等效电流密度。为了求解方便，需要将转子结构做等效简化处理。等效前后，保证笼条等效电流密度不变。采用同定子绕组等效电流密度求解类同的方法，计算得到转子内笼条等效电流密度，即

$$J_{\text{cagein}} = \sum_{n=1}^{\infty} b_n^{\text{cagein}} \sin\left(\frac{n\pi}{\tau_{\text{cagein}}}\theta'\right) \tag{3.19}$$

其中

$$\theta' = \theta + \theta_{\text{cagein}} \tag{3.20}$$

$$
\begin{aligned}
b_n^{\text{cagein}} = -\frac{4}{n\pi}\Bigg\{ & J_{3\text{in}}\sin\left[\frac{n\pi}{\tau_{\text{cagein}}}\left(\theta_1 + 2\theta_{\text{in}} - \frac{1}{2}\theta_{\text{cin}}\right)\right]\sin\left(\frac{n\pi}{\tau_{\text{cagein}}}\frac{\theta_{\text{cin}}}{2}\right) \\
& + J_{2\text{in}}\sin\left[\frac{n\pi}{\tau_{\text{cagein}}}\left(\theta_1 + 3\theta_{\text{in}} - \frac{1}{2}\theta_{\text{cin}}\right)\right]\sin\left(\frac{n\pi}{\tau_{\text{cagein}}}\frac{\theta_{\text{cin}}}{2}\right) \\
& + J_{1\text{in}}\sin\left[\frac{n\pi}{\tau_{\text{cagein}}}\left(\theta_1 + 4\theta_{\text{in}} - \frac{3}{4}\theta_{\text{cin}}\right)\right]\sin\left(\frac{n\pi}{\tau_{\text{cagein}}}\frac{\theta_{\text{cin}}}{4}\right)\Bigg\}
\end{aligned}
\tag{3.21}
$$

式中 $J_{3\text{in}}$、$J_{2\text{in}}$、$J_{1\text{in}}$——转子单块内笼障公共短路笼条平均电流密度、第一组短路笼条平均电流密度、第二组短路笼条平均电流密度，该数值利用有限元辅助计算；

τ_{cagein}——转子内笼障极距角；

θ_{cin}——内笼条宽度；

θ_{cagein}——以内控制绕组上层坐标为参考点，内笼障与内控制绕组上层之间的位置差角。

3.1.2 永磁体等效电流密度

采用磁化电流法计算永磁体等效电流密度，其永磁体的等效磁势分布如图 3.4 所示。

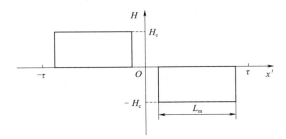

图 3.4 永磁体的等效磁势分布

永磁体电流密度为

$$J_{\text{M}}(x') = \frac{\mathrm{d}H}{\mathrm{d}x'} \tag{3.22}$$

$$J_{\text{M}}(x') = \sum_{n=1,3}^{\infty} (-1)^{\frac{n+3}{2}} \frac{4H_{\text{c}}}{\tau}\sin\left[\frac{n\pi}{\tau}\left(\frac{L_{\text{m}}}{2} - x'\right)\right] \tag{3.23}$$

$$x = x' + x_0 \tag{3.24}$$

将式（3.24）代入式（3.23），经推导和整理后可得

$$J_M(x) = \sum_{n=1,3}^{\infty} (-1)^{\frac{n+3}{2}} \frac{4H_c}{\tau} \sin\left[\frac{n\pi}{\tau}\left(\frac{L_m}{2} - x + x_0\right)\right]$$

$$= \sum_{n=1,3}^{\infty} a_n \sin\left[\frac{n\pi}{\tau}\left(\frac{L_m}{2} - x + x_0\right)\right] \tag{3.25}$$

式中　H_c——永磁体剩余矫顽力；

　　　L_m——永磁体纵向长度；

　　　x_0——动子运动的起始位置。

基于直角坐标系下永磁体等效电流密度式（3.25），结合坐标变换，推导出极坐标下永磁体等效电流密度，即

$$J_M(\theta) = \sum_{n=1,3}^{\infty} a_n \sin[np(\theta_0 - \theta)] \tag{3.26}$$

其中

$$\begin{cases} \theta_0 = \left(\dfrac{L_m}{2} + x_0\right) \times \dfrac{180}{p\tau} \\[3mm] a_n = (-1)^{\frac{n+3}{2}} \dfrac{4H_c}{\tau} \end{cases} \tag{3.27}$$

3.2　磁　场　解　析　模　型

基于永磁/笼障混合转子耦合双定子风力发电机的基本结构和工作原理，建立该发电机的磁场分层解析模型。

3.2.1　假定条件

为了建立永磁/笼障混合转子耦合双定子风力发电机磁场分层解析模型，作如下假定：

（1）忽略 z 轴方向磁场的变化，各电流仅在 z 轴方向流动，即只有 $A_z = A(r, \theta)$ 方向分量。因此，磁场可按二维处理。

（2）作为激励场源的定子绕组、笼条和永磁体分别按实际情况等效其电流密度；在模型磁场分析中，笼条等效电流密度归结在转子槽口处。

（3）假定导体电流随时间按正弦变化。

（4）定子、转子轭的磁导率各向均匀同性，分别为 μ_1、μ_2。

（5）齿、槽部分在 r 和 θ 方向有不同的磁导率 μ_r、μ_θ。

假定（1）是为了求解方便，将三维磁场简化为二维磁场处理；假定（2）代表"真实"的定子绕组和笼条的激励场源，以便于求解更接近实际情况；假定（4）和假定（5）是合理地考虑电机不同材料的物理特性，使求解更接近实际。其他假定都是二维磁场分析常用的基本假定。

3.2.2　建立解析模型

基于电机的基本结构，结合电机的假定条件，建立永磁/笼障混合转子耦合双定子风

力发电机的分层解析模型。对于外单元电机，求解区域可划分结构如图 3.5（a）所示，包括外定子外部（Ⅰ′区，μ_0）、外定子轭部（Ⅰ区，μ_1）、外定子功率绕组（分上层和下层）（Ⅱ区，μ_{r1}、$\mu_{\theta1}$）、外气隙（Ⅲ区，μ_0）、永磁体（Ⅳ区，μ_0）、转子轭部（Ⅴ区，μ_2）、转子轭外部（Ⅵ区，μ_0）等 7 类区域。对于内单元电机，求解区域可划分结构如图 3.5（b）所示，包括内定子外部（Ⅰ′区，μ_0）、内定子轭部（Ⅰ区，μ_1）、内定子控制绕组（分上层和下层）（Ⅱ区，μ_{r1}、$\mu_{\theta1}$）、内定子功率绕组（分上层和下层）（Ⅲ区，μ_{r1}、$\mu_{\theta1}$）、内气隙（Ⅳ区，μ_0）、转子内笼条（Ⅴ区，μ_{r2}、$\mu_{\theta2}$）、转子轭部（Ⅵ区，μ_2）等 7 类区域。

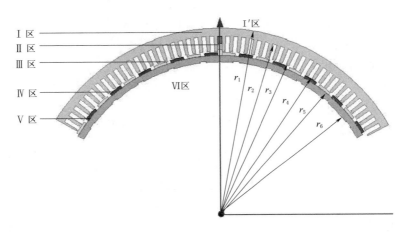

（a）外单元电机的分层解析模型

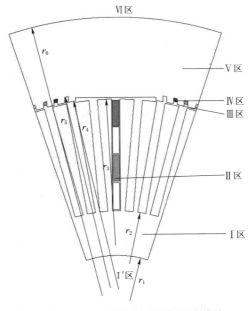

（b）内单元电机的分层解析模型

图 3.5　永磁/笼障转子耦合双定子风力发电机的分层解析模型

3.3　磁场解析分析

为了深入研究该电机内部磁场，基于上述分层解析模型、永磁体和绕组等效电流密度对永磁/笼障混合转子耦合双定子风力发电机进行磁场分析。

3.3.1　磁场方程

基于永磁/笼障转子耦合双定子风力发电机的磁场解析模型假定条件，磁场的矢量磁位方程为

$$\nabla \times \boldsymbol{H} = \nabla \times \left(\frac{\boldsymbol{B}}{\mu}\right) = \nabla \times \left[\frac{1}{\mu}(\nabla \times \boldsymbol{A})\right] = \boldsymbol{J} \tag{3.28}$$

式中　$\boldsymbol{H}$——磁场强度；

　　　B——磁通密度；

　　　μ——磁导率；

　　　$\boldsymbol{A}$——矢量磁位函数；

　　　$\boldsymbol{J}$——电流密度。

根据电机假设条件，可得

$$\nabla^2 A(r,\theta) = \frac{\partial^2 A_z}{\partial r^2} + \frac{1}{r}\frac{\partial A_z}{\partial r} + \frac{1}{r^2}\frac{\partial^2 A_z}{\partial \theta^2} = -\mu_0 J(\theta) \tag{3.29}$$

式中　μ_0——空气磁导率；

　　　$J(\theta)$——电流密度。

其中无电流区域 $J(\theta) = 0$，有电流区域 $J(\theta) \neq 0$。

3.3.2　各区矢量磁位及磁通密度

1. 各区矢量磁位

基于式（3.29），结合电机各区分层和励磁源等效电流密度，计算双定子风力发电机的各区矢量磁位为

$$A_m^j = \sum_{n=1}^{\infty} \left\{ (A_n^m r^{k_{jn}} + B_n^m r^{-k_{jn}})[C_n^m \cos(k_{jn}\theta) + D_n^m \right.$$

$$\left. \sin(k_{jn}\theta)] + \frac{\mu_0 J_j(\theta)r^2}{k_{jn}^2 - 4} \right\} + A_0^m \ln r + B_0^m \tag{3.30}$$

式中　　　　m——I'、I、II、III、IV、V、VI 区；

　　　　　　j——po（外功率绕组）、pm（永磁体）；

A_0^m、B_0^m、A_n^m、B_n^m、C_n^m、D_n^m——待定系数。

2. 边界条件

永磁/笼障转子耦合双定子风力发电机各区磁场是由功率绕组励磁、控制绕组励磁、笼条和永磁体单独作用下磁场的共同合成，此处以外单元电机为例。

（1）当外定子功率绕组单独作用时，各区矢量磁位方程求解边界条件为

当 $r \to \infty$ 时，

$$A_{\text{I}'}^{\text{po}} = 0 \tag{3.31}$$

当 $r = r_1$ 时，

$$\begin{cases} A_{\text{I}}^{\text{po}} = A_{\text{I}'}^{\text{po}} \\ \dfrac{1}{\mu_0} \dfrac{\partial A_{\text{I}}^{\text{po}}}{\partial r} = \dfrac{1}{\mu_1} \dfrac{\partial A_{\text{I}'}^{\text{po}}}{\partial r} \end{cases} \tag{3.32}$$

当 $r = r_2$ 时，

$$\begin{cases} A_{\text{II up}}^{\text{po}} = A_{\text{I}}^{\text{po}} \\ \dfrac{1}{\mu_{\theta 1}} \dfrac{\partial A_{\text{II up}}^{\text{po}}}{\partial r} = \dfrac{1}{\mu_1} \dfrac{\partial A_{\text{I}}^{\text{po}}}{\partial r} \end{cases} \tag{3.33}$$

当 $r = r_3 - h_{\text{w1}}$ 时，

$$\begin{cases} A_{\text{II down}}^{\text{po}} = A_{\text{II up}}^{\text{po}} \\ \dfrac{\partial A_{\text{II down}}^{\text{po}}}{\partial r} = \dfrac{\partial A_{\text{II up}}^{\text{po}}}{\partial r} \end{cases} \tag{3.34}$$

当 $r = r_3$ 时，

$$\begin{cases} A_{\text{III}}^{\text{po}} = A_{\text{II down}}^{\text{po}} \\ \dfrac{1}{\mu_0} \dfrac{\partial A_{\text{III}}^{\text{po}}}{\partial r} = \dfrac{1}{\mu_{\theta 1}} \dfrac{\partial A_{\text{II down}}^{\text{po}}}{\partial r} \end{cases} \tag{3.35}$$

当 $r = r_4$ 时，

$$\begin{cases} A_{\text{IV}}^{\text{po}} = A_{\text{III}}^{\text{po}} \\ \dfrac{\partial A_{\text{IV}}^{\text{po}}}{\partial r} = \dfrac{\partial A_{\text{III}}^{\text{po}}}{\partial r} \end{cases} \tag{3.36}$$

当 $r = r_5$ 时，

$$\begin{cases} A_{\text{V}}^{\text{po}} = A_{\text{IV}}^{\text{po}} \\ \dfrac{1}{\mu_2} \dfrac{\partial A_{\text{V}}^{\text{po}}}{\partial r} = \dfrac{1}{\mu_0} \dfrac{\partial A_{\text{IV}}^{\text{po}}}{\partial r} \end{cases} \tag{3.37}$$

当 $r = r_6$ 时，

$$\begin{cases} A_{\text{V}}^{\text{po}} = A_{\text{VI}}^{\text{po}} \\ \dfrac{1}{\mu_2} \dfrac{\partial A_{\text{V}}^{\text{po}}}{\partial r} = \dfrac{1}{\mu_0} \dfrac{\partial A_{\text{VI}}^{\text{po}}}{\partial r} \end{cases} \tag{3.38}$$

当 $r \to -\infty$ 时，

$$A_{\text{VI}}^{\text{po}} = 0 \tag{3.39}$$

将式（3.31）～式（3.39）代入式（3.30），解出待定系数，可得双定子风力发电机外单元电机在功率绕组励磁单独作用下的各区矢量磁位，然后根据磁通密度与矢量磁位之间的关系可得

$$\begin{cases} B_{\text{rm}}^{\text{po}} = \dfrac{1}{r} \dfrac{\partial A_{\text{m}}^{\text{po}}}{\partial \theta} \\ B_{\theta\text{m}}^{\text{po}} = -\dfrac{\partial A_{\text{m}}^{\text{po}}}{\partial r} \end{cases} \tag{3.40}$$

式中　B_{rm}、$B_{\theta\text{m}}$——径向磁通密度和切向磁通密度。

由式（3.40），计算外功率绕组单独作用时外单元电机各区磁通密度。

（2）当永磁体单独作用时，永磁/笼障混合转子耦合双定子风力发电机外单元电机各

区矢量磁位方程求解边界条件为

当 $r \to \infty$ 时，

$$A_{\mathrm{I}'}^{\mathrm{pmo}} = 0 \qquad\qquad (3.41)$$

当 $r = r_1$ 时，

$$\begin{cases} A_{\mathrm{I}}^{\mathrm{pmo}} = A_{\mathrm{I}'}^{\mathrm{pmo}} \\ \dfrac{1}{\mu_0} \dfrac{\partial A_{\mathrm{I}}^{\mathrm{pmo}}}{\partial r} = \dfrac{1}{\mu_1} \dfrac{\partial A_{\mathrm{I}'}^{\mathrm{pmo}}}{\partial r} \end{cases} \qquad (3.42)$$

当 $r = r_2$ 时，

$$\begin{cases} A_{\mathrm{II}}^{\mathrm{pmo}} = A_{\mathrm{I}}^{\mathrm{pmo}} \\ \dfrac{1}{\mu_{\theta 1}} \dfrac{\partial A_{\mathrm{II}}^{\mathrm{pmo}}}{\partial r} = \dfrac{1}{\mu_1} \dfrac{\partial A_{\mathrm{I}}^{\mathrm{pmo}}}{\partial r} \end{cases} \qquad (3.43)$$

当 $r = r_3$ 时，

$$\begin{cases} A_{\mathrm{III}}^{\mathrm{pmo}} = A_{\mathrm{II}}^{\mathrm{pmo}} \\ \dfrac{1}{\mu_0} \dfrac{\partial A_{\mathrm{III}}^{\mathrm{pmo}}}{\partial r} = \dfrac{1}{\mu_{\theta 1}} \dfrac{\partial A_{\mathrm{II}}^{\mathrm{pmo}}}{\partial r} \end{cases} \qquad (3.44)$$

当 $r = r_4$ 时，

$$\begin{cases} A_{\mathrm{IV}}^{\mathrm{pmo}} = A_{\mathrm{III}}^{\mathrm{pmo}} \\ \dfrac{\partial A_{\mathrm{IV}}^{\mathrm{pmo}}}{\partial r} = \dfrac{\partial A_{\mathrm{III}}^{\mathrm{pmo}}}{\partial r} \end{cases} \qquad (3.45)$$

当 $r = r_5$ 时，

$$\begin{cases} A_{\mathrm{V}}^{\mathrm{pmo}} = A_{\mathrm{IV}}^{\mathrm{pmo}} \\ \dfrac{1}{\mu_2} \dfrac{\partial A_{\mathrm{V}}^{\mathrm{pmo}}}{\partial r} = \dfrac{1}{\mu_0} \dfrac{\partial A_{\mathrm{IV}}^{\mathrm{pmo}}}{\partial r} \end{cases} \qquad (3.46)$$

当 $r = r_6$ 时，

$$\begin{cases} A_{\mathrm{V}}^{\mathrm{pmo}} = A_{\mathrm{VI}}^{\mathrm{pmo}} \\ \dfrac{1}{\mu_2} \dfrac{\partial A_{\mathrm{V}}^{\mathrm{pmo}}}{\partial r} = \dfrac{1}{\mu_0} \dfrac{\partial A_{\mathrm{VI}}^{\mathrm{pmo}}}{\partial r} \end{cases} \qquad (3.47)$$

当 $r \to -\infty$ 时，

$$A_{\mathrm{VI}}^{\mathrm{pmo}} = 0 \qquad\qquad (3.48)$$

将式 (3.41)～式 (3.48) 代入式 (3.30)，解出待定系数，可得双定子风力发电机外单元电机在永磁体单独作用下的各区矢量磁位，然后根据磁通密度与矢量磁位之间的关系可得

$$\begin{cases} B_{\mathrm{rm}}^{\mathrm{pmo}} = \dfrac{1}{r} \dfrac{\partial A_{\mathrm{m}}^{\mathrm{pmo}}}{\partial \theta} \\ B_{\theta \mathrm{m}}^{\mathrm{pmo}} = -\dfrac{\partial A_{\mathrm{m}}^{\mathrm{pmo}}}{\partial r} \end{cases} \qquad (3.49)$$

式中　B_{rm}、$B_{\theta \mathrm{m}}$——径向磁通密度和切向磁通密度。

由式 (3.49)，计算永磁体单独作用时外单元电机各区磁通密度。

3.3.3 合成磁通密度

对于双定子风力发电机外单元电机，各区磁通密度是由功率绕组励磁和永磁体励磁单独作用下的磁密合成，其表达式为

$$\begin{cases} B_{\mathrm{rmo}} = B_{\mathrm{rm}}^{\mathrm{po}} + B_{\mathrm{rm}}^{\mathrm{pmo}} \\ B_{\theta\mathrm{mo}} = B_{\theta\mathrm{m}}^{\mathrm{po}} + B_{\theta\mathrm{m}}^{\mathrm{pmo}} \end{cases} \tag{3.50}$$

同理，计算内单元电机各区的合成磁通密度。由于内单元电机分层解析模型和分析方法与外单元电机类同，这里不再赘述。内单元电机各区的合成磁通密度为

$$\begin{cases} B_{\mathrm{rmi}} = B_{\mathrm{rm}}^{\mathrm{ci}} + B_{\mathrm{rm}}^{\mathrm{pi}} + B_{\mathrm{rm}}^{\mathrm{cagei}} \\ B_{\theta\mathrm{mi}} = B_{\theta\mathrm{m}}^{\mathrm{ci}} + B_{\theta\mathrm{m}}^{\mathrm{pi}} + B_{\theta\mathrm{m}}^{\mathrm{cagei}} \end{cases} \tag{3.51}$$

由于该发电机结构特殊，磁场复杂，先进行线性磁场解析分析，然后再考虑磁饱和的影响，从而推导出该发电机的磁场解析表达式。基于该发电机磁场解析分析，以 300kW 永磁/笼障混合转子耦合双定子风力发电机为例（表 3.1），分析该发电机带载情况下的内外气隙磁通密度，其结果如图 3.6 所示。由结果分析可知，电磁场解析法计算该发电机内外气隙磁通密度与有限元法计算内外气隙磁通密度曲线吻合较好，二者结果相对误差分别为 8.56%、10.05%，验证了结果的正确性和有效性，同时也验证了方法的可行性和合理性。

表 3.1   **300kW 永磁/笼障混合转子耦合双定子风力发电机主要参数**

参　数	数值	参　数	数值
额定功率/kW	300	内控制绕组极数	8
额定电压/V	690	外定子内（外）径/mm	550（740）
额定转速/(r/min)	360	内定子内（外）径/mm	220（398）
外功率绕组极数	20	转子内（外）径/mm	400（540）
内功率绕组极数	12	铁芯有效轴长/mm	430

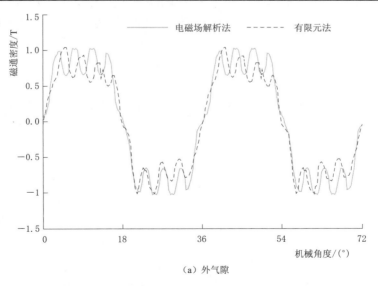

（a）外气隙

图 3.6（一）　负载下双定子风力发电机的气隙磁通密度

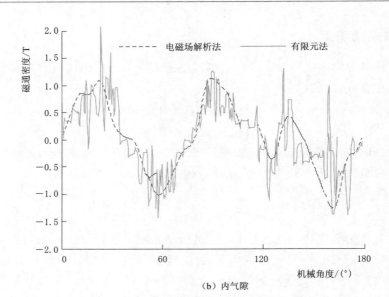

（b）内气隙

图 3.6（二）　负载下双定子风力发电机的气隙磁通密度

3.4　小　　结

　　本章基于双定子风力发电机的工作原理和基本结构，采用逐槽法对功率绕组、控制绕组和笼条按实际情况等效其电流密度，同时采用磁化电流法对永磁体按实际情况等效其电流密度；结合电机的假定条件，建立该发电机的分层解析模型。在此基础上，采用分离变量法推导出该发电机的各区矢量磁位；结合电机的边界条件和励磁源等效电流密度，推导出该发电机的各区磁通密度。举例验证电磁场解析法分析，并与有限元法计算结果作比较。由结果分析可知，电磁场解析法计算该发电机内外气隙磁通密度相对于有限元法计算内外气隙磁通密度误差分别为 8.56%、10.05%，验证了电磁场解析法的正确性和有效性。

第4章 双定子风力发电机的设计与性能计算

基于双定子风力发电机的结构和工作原理，设计发电机。双定子风力发电机总体设计简图如图 4.1 所示。

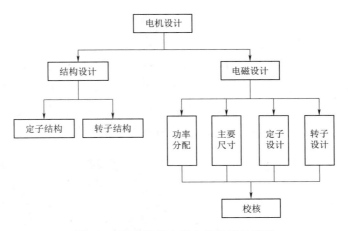

图 4.1 双定子风力发电机的设计简图

4.1 双定子风力发电机的结构设计

新型永磁/笼障混合转子耦合双定子风力发电机由外定子、内定子和转子构成。对于该种发电机，研究定子结构主要是确定定子槽型和定子绕组类型；研究转子主要是确定转子结构类型，这是设计该种发电机的基础。

1. 定子结构

电机定子常见的有梨形槽、梯形槽、半开口槽和开口槽等槽型，如图 4.2 所示。梨形槽和梯形槽这两种槽型一般用于功率在 100kW 以下的电机，这些电机通常采用由圆导线绕成的散嵌绕组。梨形槽与梯形槽相比，前者的槽面积利用率较高，冲模寿命较长，而且槽绝缘的弯曲程度较小，不易损伤，所以 100kW 以下的电机常选择梨形槽。对于功率较大的电机，绕组常选用扁导线，槽型常选开口槽。

2. 转子结构

基于检索资料而言，目前转子结构有永磁体表贴式、永磁体内置式、笼型、径向磁阻式、绕线式和绕组辅助磁阻式等。基于不同转子结构的比较，永磁体表贴式具有加工工艺简单和容易制造等优点；永磁体内置式具有产生转矩大的优点，但相对于永磁体表贴式结构复杂；笼型转子具有加工工艺简单和容易制造等优点；径向磁阻式具有磁场调制效果好

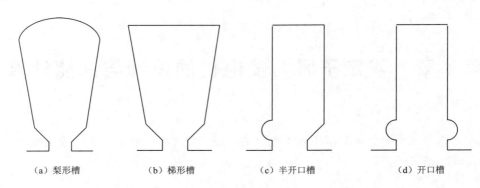

(a) 梨形槽　　　　(b) 梯形槽　　　　(c) 半开口槽　　　　(d) 开口槽

图 4.2　定子槽型

和涡流损耗小等优点。基于永磁体表贴式、笼型式和径向磁阻式的优点，本书提出了一种新型永磁/笼障混合转子结构，其结构示意图如图 4.3 所示。由图 4.3 可知，该转子是由永磁体、笼条和磁障构成，其中笼条和磁障组合是在径向多层叠片磁障转子的非导磁层中添加适当辅助笼条构成，添加辅助笼条会使磁障转子的磁通路径更加规范，不但可以提高转子磁场调制能力，而且还会提高电机的效率和输出功率。

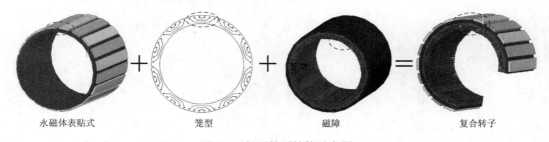

永磁体表贴式　　　　　笼型　　　　　磁障　　　　　复合转子

图 4.3　新型转子结构示意图

4.2　双定子风力发电机的电磁设计

借鉴现有的双馈发电机和同步发电机，结合新型永磁/笼障混合转子耦合双定子风力发电机的特点和设计要求，确定该种发电机的功率等级和转速，并进行该种发电机研究，如电磁设计、温升和冷却系统、机械设计与控制系统等。这里仅对新型永磁/笼障混合转子耦合双定子风力发电机进行电磁设计与改善功率密度研究。电磁设计是电机设计的重要组成部分，它的好坏不仅影响电机性能，如效率、功率密度和输出功率；而且还影响电机在后续其他方面的研究，如机械设计、温升计算、冷却方式选择和系统设计。由于永磁/笼障混合转子和双定子结构的存在，该发电机中的双气隙磁场分布与常规发电机差异较大，无法直接套用现有的电机电磁理论，必须依据该种发电机的特殊结构和运行机理，建立一套用于该种发电机电磁性能计算的方法。为了提高功率密度，主要分析了该发电机内外单元电机的功率分配原则和方法、主要尺寸确定方法、极槽配合、转子结构参数和定子斜槽对该发电机性能的影响。围绕电机设计的关键参数、设计方法和技术要求，提出了新型永磁/笼障混合转子耦合双定子风力发电机的电磁设计思路如图 4.4 所示。

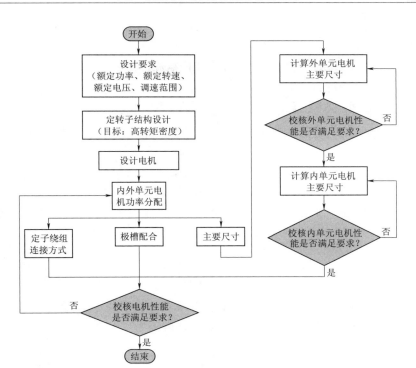

图 4.4 双定子风力发电机的电磁设计思路

4.2.1 内外单元电机的功率分配

双定子风力发电机内外单元电机额定功率选取直接影响发电机主要尺寸、绕组和气隙磁密等主要电磁设计参数，因此合理选取内外单元电机的功率是提高电机功率密度的重要手段之一。

借鉴永磁发电机、无刷双馈发电机和传统交流电机主要尺寸的计算方法，该发电机的主要尺寸关系为

$$D_{o1}^2 l_{ef} = \frac{6.1P}{\alpha K_{Nm} K_{w1} A B_\delta n_r} \qquad (4.1)$$

式中　P——电机输出功率；

$\quad K_{Nm}$——气隙磁场的波形系数；

$\quad K_{w1}$——绕组的基波绕组系数；

$\quad \alpha$——极弧系数；

$\quad A$——绕组线负荷；

$\quad B_\delta$——气隙磁通密度；

$\quad D_{o1}$——定子内径；

$\quad l_{ef}$——铁芯有效轴长。

考虑到内外单元电机共享同一个转子（转速相同），因此外功率绕组输出功率与内功率绕组输出功率的关系为

$$\frac{P_{po}}{P_{pi}}=\frac{\alpha_o k_{w1po} A_o B_{\delta o} D_{o1}^2}{\alpha_i k_{w1pi} A_i B_{\delta i} D_{i1}^2} \tag{4.2}$$

式中　α_o、α_i——转子外永磁体极弧系数和内笼障极弧系数；

　　　D_{o1}、D_{i1}——外定子内径和内定子外径；

　　　$B_{\delta i}$、$B_{\delta o}$——内外气隙磁通密度。

在初始设计双定子风力发电机时，假设

$$\begin{cases} \alpha_o = \alpha_i \\ k_{w1po} = k_{w1pi} \\ B_{\delta o} = B_{\delta i} \end{cases} \tag{4.3}$$

将式（4.3）代入式（4.2），经整理后可得外功率绕组输出功率与内功率绕组输出功率比值为

$$\frac{P_{po}}{P_{pi}}=\frac{A_o D_{o1}^2}{A_i D_{i1}^2} \tag{4.4}$$

为了研究内外单元电机的功率分配，本书引入输出功率裂变比作为研究双气隙结构的重要参数，是提高电机功率密度的重要方法之一，表示为

$$\gamma = \frac{P_o}{P_i} \tag{4.5}$$

式中　γ——外单元电机与内单元电机输出功率之比；

　　　P_i、P_o——内单元电机、外单元电机输出功率。

以 300kW 永磁/笼障混合转子耦合双定子风力发电机为例，借鉴传统电机的计算方法，结合该种发电机的技术要求和特点，计算不同裂变比下该种发电机的主要尺寸，见表 4.1。在此基础上，建立不同裂变比下的永磁/笼障混合转子耦合双定子风力发电机有限元模型。在要求输出功率相同的情况下，分析和计算了不同裂变比下该发电机的主要尺寸、材料用量和电磁性能参数，选取该发电机较合适的裂变比为 6.5。

表 4.1　　　　　　　　　　　不同裂变比下电机的主要尺寸

裂变比	4	5	6	6.5	7
定子外径/mm	670	700	725	740	750
铁芯长度/mm	565	505	450	430	416

4.2.2　主要尺寸确定方法

电机的主要尺寸包括内外定子、转子直径和铁芯长度，是电机设计时首先需要考虑的重要参数。而双定子风力发电机采用单转子双定子特殊结构，且外定子嵌有一套绕组，而内定子嵌有极对数不同的功率绕组和控制绕组两套绕组，因此需要确定的该发电机主要尺寸参数及其影响因素更多，故需要建立该类发电机主要尺寸选取原则。

基于内外单元电机的功率分配，外单元电机功率绕组的计算功率为

$$P'_{po}=\frac{K_E}{\cos\varphi_N}P_o \tag{4.6}$$

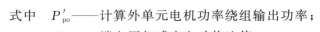

式中 P'_{po}——计算外单元电机功率绕组输出功率；

$\quad\quad K_E$——端电压与感应电动势比值；

$\quad\quad \cos\varphi_N$——额定负载时功率因数。

发电机主要尺寸的确定如下：

$$V' = \frac{6.1 P'_{po}}{\alpha'_{po} K_{Nm} K_{dp1o} A_o B_{\delta o} n_r} \tag{4.7}$$

$$D'_{o1} = \sqrt{\frac{2 p_r V'}{\lambda \pi}} \tag{4.8}$$

$$l'_{ef} = \frac{V'}{(D'_{o1})^2} \tag{4.9}$$

$$\delta_o = D_{oin} \times \frac{1+9}{2 p_p} \times 10^{-3} \tag{4.10}$$

式中 V'——计算电机的体积；

$\quad\quad \alpha'_{po}$——假设外单元电机极弧系数；

$\quad\quad D'_{o1}$——计算外单元电机定子内径，再根据经验选取内外径之比，计算外单元电机定子外径；

$\quad\quad \lambda$——主要尺寸比，初步设计根据经验取值；

$\quad\quad l'_{ef}$——计算铁芯轴长；

$\quad\quad \delta_o$——外单元电机气隙，该电机气隙选取还要结合装配和经验。

在满足外单元电机功率输出的要求下，按照由外向内原则来确定内单元电机主要尺寸。为了保证内外单元电机的参数一致性，计算内单元电机的主要尺寸，并结合实际情况和经验值，确定双定子风力发电机的主要尺寸。

基于内外单元电机的功率分配，并结合该种发电机的设计方法和原则，拟初步确定一台 3MW 半直驱永磁/笼障混合转子耦合双定子风力发电机和一台 300kW（基于兆瓦级双定子风力发电机的设计方法和结构类型，并能够反映该发电机结构特征，方便仿真与未来样机）永磁/笼障混合转子耦合双定子风力发电机的主要尺寸，其技术要求和主要参数分别见表 4.2 和表 4.3。

表 4.2 3MW 半直驱永磁/笼障混合转子耦合双定子风力发电机的技术要求和主要参数

参　数	数值	参　数	数值
额定功率/MW	3	额定电压/V	690
额定转速/(r/min)	360	冷却方式	水冷＋环氧树脂
外功率绕组极数	20	内功率绕组极数	12
转子有效长度/mm	1000	内控制绕组极数	8
外定子外径/mm	1600	内定子外径/mm	986.4
外定子内径/mm	1380	内定子内径/mm	710
转子外径/mm	1370	转子内径/mm	990
外气隙/mm	5	内气隙/mm	1.8

表 4.3　　　300kW 永磁/笼障混合转子耦合双定子风力发电机的技术要求和主要参数

参　数	数值	参　数	数值
额定功率/kW	300	额定电压/V	690
额定转速/(r/min)	360	冷却方式	水冷＋环氧树脂
外功率绕组极数	20	内功率绕组极数	12
转子有效长度/mm	430	内控制绕组极数	8
外定子外径/mm	740	内定子外径/mm	398
外定子内径/mm	550	内定子内径/mm	220
转子外径/mm	540	转子内径/mm	400
外气隙/mm	5	内气隙/mm	1

4.2.3　极槽配合

1. 外单元电机的极槽配合

为了提高电机功率密度，需要研究外定子极槽配合。基于电机设计指标要求，确定该发电机的极对数为 10。在此基础上，研究外定子 24 槽、60 槽、90 槽下对该发电机性能参数的影响。在相同电机主要尺寸和转子的条件下，建立了不同槽数下该发电机有限元模型，分析和计算了不同极槽配合下发电机空载运行的电磁性能参数，见表 4.4，其气隙磁通密度如图 4.5 所示。由结果分析可知，在相同电机主要尺寸、绕组线规和转子的条件下，气隙磁通密度基波含量和功率绕组相电动势随着电机槽数的增加而增加，功率绕组相电动势谐波含量受其变化影响不大，但是绕组铜材料用量减少。

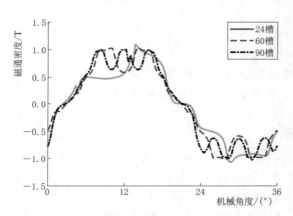

图 4.5　不同极槽配合下发电机气隙磁通密度

作为发电机，对电机绕组电压输出波形质量要求较高，一般采用电压畸变率来衡量波形。电压畸变率是指电压波形除基波外的所有谐波（一般为基波的整数次谐波）有效值平方和的平方根与基波有效值的比值，其表达式为

表 4.4　　　　　　　不同极槽配合下发电机空载运行的电磁性能参数

槽　　数	24	60	90
槽导体数	40	16	10
气隙磁通密度基波含量/%	76.13	91.32	95.88
功率绕组相电动势/V	386.33	393.53	409.68

$$THD = \left(\frac{\sqrt{\sum_{v=2}^{\infty} U_v^2}}{U_1} \right) \times 100\% \qquad (4.11)$$

式中　THD——电压畸变率；

$\quad\quad U_1$——基波电压有效值；

$\quad\quad U_v$——第 v 次谐波电压有效值。

基于式（4.11），计算了不同槽下的电机绕组电压畸变率，见表 4.5。由结果分析可知，在相同电机主要尺寸、绕组线规和转子的条件下，功率绕组相电动势谐波含量随着槽数增加而变化不大，但是绕组铜材料用量减少。

表 4.5　　　　　　　　不同槽下的电机绕组电压畸变率

槽数	24	60	90
功率绕组相电动势谐波含量/%	13.20	13.45	14.36

上述分析计算了不同极槽比对电机齿槽转矩的影响。齿槽转矩是关键脉动主要原因之一。转矩波动直接影响永磁/笼障混合转子耦合双定子风力发电机低速运行平稳性和电机的电磁振动与噪声，是低速电机设计的重要技术指标。

永磁电机的齿槽转矩表达式为

$$T_{cog}(\alpha) = \frac{\pi z L_{Fe}}{4\mu_0}(R_2^2 - R_1^2)\sum_{n=1}^{\infty} G_n B_{r\left(\frac{nz}{2p}\right)} \sin nz\alpha \qquad (4.12)$$

式中　z——定子槽数；

$\quad\quad L_{Fe}$——铁芯长度；

$\quad R_1$、R_2——定子铁芯外半径和内半径；

$\quad\quad n$——使 $nz/2p$ 为整数的整数。

齿槽转矩与气隙磁密在圆周方向分布的傅里叶分解有关，但并不是所有的傅里叶分解系数都会影响齿槽转矩，只有 $nz/2p$ 次傅里叶分解系数与齿槽转矩有关。当电机转子从起始的静止位置转过一个齿距时，其齿槽转矩脉动的周期数取决于磁极数与槽数配合情况。齿槽转矩脉动的周期数为使 $nz/2p$ 为整数的 n 的最小值，记为 n_p，即

$$n_p = \frac{2p}{GCD(z,2p)} \qquad (4.13)$$

式中　$GCD(z,2p)$——槽数 z 与极数 $2p$ 的最大公约数。

齿槽转矩的峰值主要取决于 $B_{r\left(\frac{nz}{2p}\right)}$，而 $nz/2p$ 越大，$B_{r\left(\frac{nz}{2p}\right)}$ 越小，所以 n_p 越大，齿槽转矩的周期越多，幅值越小。

上述分析计算了不同槽配合下发电机齿槽转矩，如图 4.6 所示。由结果分析可知，分数槽电机的齿槽转矩比较小，齿槽转矩随着槽数增多而降低。从中也可以看出 $z/2p$（z 为槽数、$2p$ 为极数）越大，齿槽转矩的周期就越大；同时分数槽电机的齿槽转矩比整数槽电机的齿槽转矩小，所以分数槽电机所产生的振动噪声比其整数槽小。

基于外单元电机不同极槽配合的分析和计算，结合电机技术要求，选择该发电机的外定子槽数为分数槽，其槽数为 90。

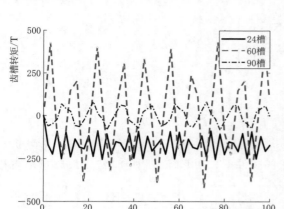

图 4.6　不同极槽配合下发动机齿槽转矩

2. 转子槽数（虚槽）

为了降低定转子齿谐波和绕组电压畸变率，提高电机转子耦合能力。本书以设计 3MW 永磁/笼障混合转子耦合双定子风力发电机内单元电机（功率绕组 12 极、控制绕组 8 极、内定子 72 槽）为例，研究定子、转子槽配合。因此，转子槽数（虚数）的选取应满足如下关系：

（1）为了降低空载附加损耗，尽量选取少转子槽（近槽配合），即

$$Q_r < Q_s \tag{4.14}$$

式中　Q_r——转子的槽数（虚槽）。

（2）为了限制齿谐波磁势产生的附加转矩，转子槽数应满足

$$\begin{cases} Q_r \leqslant 1.25(Q_s + p_p) \\ Q_r \leqslant 1.25(Q_s + p_c) \end{cases} \tag{4.15}$$

（3）为了降低电机的振动和噪声，定子、转子槽配合应满足

$$\begin{cases} Q_s - Q_r \neq \pm i \\ Q_s - Q_r \neq \pm 2p_p \pm i \quad (i=0,1,2,3,\cdots) \\ Q_s - Q_r \neq \pm 2p_c \pm i \end{cases} \tag{4.16}$$

$$\begin{cases} Q_r \neq 2p_p mk \pm i \\ Q_r \neq 2p_c mk \pm i \\ Q_r \neq 2p_p mk \pm 2p_p \pm i \\ Q_r \neq 2p_c mk \pm 2p_c \pm i \end{cases} \quad (k>0, i=0,1,2,3,\cdots) \tag{4.17}$$

（4）转子槽数（虚槽）与转子等效凸极数应满足

$$Q_r = l p_r \quad (l=1,2,3,\cdots) \tag{4.18}$$

基于上述转子槽数（虚槽）的选取原则，其兆瓦级永磁/笼障混合转子耦合双定子风力发电机转子槽数（虚槽）可取 20、30、40、50、60、70、80、90、100、110、120、130、140。但是对于添加笼条的转子结构（图 4.7），选取转子槽数（虚槽）还应满足

$$\frac{Q_r - p_r}{p_r} = 偶数 \tag{4.19}$$

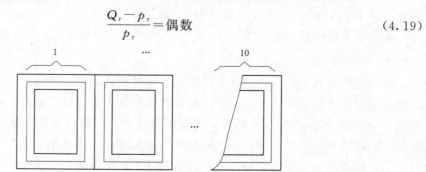

图 4.7　双定子风力发电机转子内笼障笼条展开示意图

由式（4.19）可知，兆瓦级永磁/笼障混合转子耦合双定子风力发电机的转子槽数可取 30、50、70、90、110 和 130。转子槽数越多，导磁层数也就越多，加工也就越困难。在电机尺寸、定子槽数和控制绕组励磁相同的条件下，分析了空载运行不同转子槽数下的兆瓦级永磁/笼障混合转子耦合双定子风力发电机内单元电机有用谐波分量，占基波的百分比和功率绕组电动势畸变率。表 4.6 中基波为气隙磁通密度的 p_c 次谐波分量，有用谐波分量为磁场调制出来的气隙磁通密度的 p_p 次谐波分量。基于电机加工和成本，并考虑导磁层磁饱和程度，选取合适的 3MW 双定子风力发电机转子内槽数为 90 和 110。

表 4.6　不同转子槽数的内单元电机有用谐波占基波百分比和功率绕组电动势畸变率

转子槽数	有用谐波分量占基波百分比/%	功率绕组电动势畸变率/%
30	70.0	12.02
50	66.7	5.88
70	65.3	4.70
90	64.0	4.21
110	64.0	3.94
130	63.5	4.22

3. 内单元电机的极槽配合

由于内定子上嵌有两套极对数不同的功率绕组和控制绕组，两套绕组之间无磁场耦合，依靠转子内笼障进行磁场调制和耦合，实现机电能量转换。为了提高功率密度，需要研究内定子极槽配合。

借鉴无刷双馈电机定子两套绕组极对数选取原则，确定新型永磁/笼障混合转子耦合双定子风力发电机内定子两套绕组极对数关系为

$$|p_{pin} - p_{cin}| \geqslant 2 \qquad (4.20)$$

式中　p_{pin}——内定子功率绕组极对数；

　　　p_{cin}——内定子控制绕组极对数。

基于新型永磁/笼障混合转子耦合双定子风力发电机内定子两套绕组极对数选取原则，选取该发电机内定子极数分别为 16/4、14/6、12/8、8/12，与此对应的槽数分别为 96、126、72、72，见表 4.7。建立该发电机外定子槽数/极对数（90/10）和内定子不同极槽配合的有限元模型，在功率绕组电压满足设计要求的情况下，分析和计算了不同极槽配合的磁通密度，如图 4.8 所示。由结果分析可知，12/8 极 72 槽电机内定子齿的磁通密度小于其他槽极组合，仍能满足电机设计要求，但气隙磁通密度较大。

表 4.7　电机不同极槽配合

序号	功率绕组极数	控制绕组极数	槽数
1	16	4	96
2	14	6	126
3	12	8	72
4	8	12	72

在相同电机主要尺寸和转子的条件下，分析了负载情况下该发电机不同极槽配合的电机内定子功率绕组电动势畸变率如图 4.9 所示。由结果分析可知，144 槽和 72 槽电机功率绕组电动势畸变率较小，结合设计电机输出功率和效率，选择该发电机内定子槽数为 72。

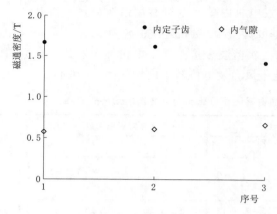

图 4.8　不同极槽配合的磁通密度

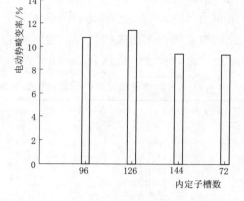

图 4.9　不同极槽配合的电机内定子功率绕组电动势畸变率

4.2.4　定子绕组连接

由于电机内外定子上都嵌有功率绕组，其内外两套功率绕组可采用串联也可采用并联连接，形成该种发电机合成功率绕组。它不仅影响电机性能，如效率、输出功率等，也是影响该电机内单元、外单元电机电磁特性（特别是内外绕组感应电动势相位和幅值）一致的关键，本书以 300kW 永磁/笼障混合转子耦合双定子风力发电机为例进行分析，得出的结论同样适用于兆瓦级双定子风力发电机。

永磁/笼障混合转子耦合双定子风力发电机内外功率绕组采用串联连接时，绕组电动势和线规应满足

$$\begin{cases} E_N = E_1 + E_2 \\ d_1 = d_2 \\ \theta_1 = \theta_2 \end{cases} \tag{4.21}$$

式中　E_N——额定电动势；

E_1、E_2——外单元电机和内单元电机绕组电动势；

d_1、d_2——外单元电机和内单元电机绕组的线径；

θ_1、θ_2——外单元电机和内单元电机绕组电动势相位角。

永磁/笼障混合转子耦合双定子风力发电机内外功率绕组采用并联连接时，绕组电动势和线规应满足

$$\begin{cases} E_N = E_1 = E_2 \\ \theta_1 = \theta_2 \end{cases} \tag{4.22}$$

双定子风力发电机内外定子上的两套功率绕组有两种连接方式（表 4.8）。双定子风力发电机内外功率绕组串联连接如图 4.10 所示。

表 4.8 双定子风力发电机绕组连接组合

绕组连接方式	内外功率绕组	绕组连接方式	内外功率绕组
方式一	并联	方式二	串联

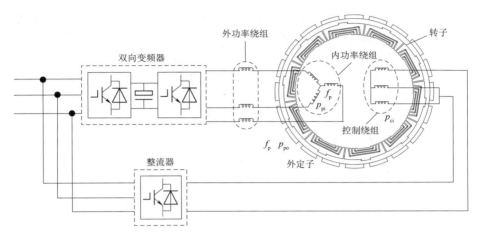

图 4.10 双定子风力发电机绕组连接图

（1）连接方式一：功率绕组并联。在相同电机结构和负载条件下，分析双定子风力发电机内外单元电机两套功率绕组并联的电机绕组相电动势 [图 4.11（a）]。由结果的比较可知，内外功率绕组电动势的相位和幅值也基本相同，这验证了该种绕组连接形式能够满足式（4.22）要求。但是该绕组连接方式对电机加工精度和装配精度要求较高，否则易造成绕组内部环流。

（2）连接方式二：功率绕组串联。双定子风力发电机内外定子功率绕组采用串联连接时，采用类同上述分析方法，可得该种发电机绕组相电动势曲线 [图 4.11（b）]。由结果的比较可知，内外功率绕组相电动势相位存在一点相位差，但基本满足式（4.21）要求。若电机加工精度和装配精度再不好，可能降低电机输出功率。

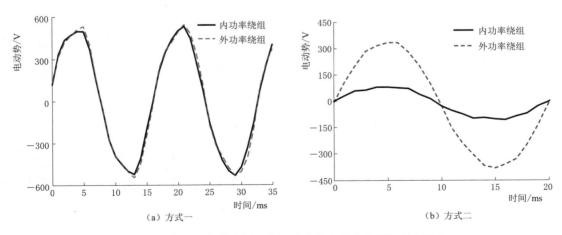

图 4.11 负载运行状态下双定子风力发电机功率绕组相电动势

综合上述电机绕组两种联结情况下结果分析，永磁/笼障混合转子耦合双定子风力发电机内外定子功率绕组选绕组并联联结。

4.2.5　参数计算

电机参数是建立数学模型的基础，有助于电机稳态分析、等效电路计算、性能计算以及控制系统建模，因此需研究该发电机参数计算。

1. 绕组电阻计算

绕组电阻计算为

$$R_{mn} = \rho \frac{2Nl}{aN_t A_t} \tag{4.23}$$

式中　R_{mn}——绕组电阻，下标 m 分别表示功率绕组、控制绕组和笼条，下标 n 分别表示内外单元电机；

l——线圈半匝长；

A_t——导线横截面面积；

ρ——电阻率；

N_t——并绕根数；

a——并联支路数。

2. 绕组电感计算

绕组函数法（Winding Function Method，WFM）通用性较强，适用于任意结构的电机。由于双定子（外定子嵌有功率绕组、内定子嵌有极对数不同的功率绕组和控制绕组）和永磁/笼障混合转子结构存在，结合绕组函数法的特征，所提出的新型双定子风力发电机选用绕组函数法计算绕组电感。

本书以 300kW 永磁/笼障混合转子耦合双定子风力发电机内单元电机为例，采用绕组函数法分析该种发电机，得出了内单元电机的相绕组函数如图 4.12 所示。

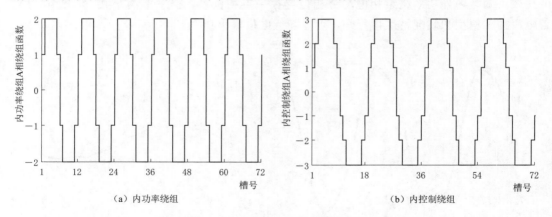

（a）内功率绕组　　　　　　　　　　（b）内控制绕组

图 4.12　内单元电机的相绕组函数

根据绕组函数理论，任意两个绕组之间的互感为

$$L_{kli}(\theta_{ri}) = \mu_0 D_{il} l_{ef} \int_0^{2\pi} \delta^{-1}(\theta_{ri}, \varphi_i) N_{ki}(\theta_{ri}, \varphi_i) N_{li}(\theta_{ri}, \varphi_i) \mathrm{d}\varphi_i \tag{4.24}$$

式中　　　　　　　　　L_{kli}——内单元电机第 k 个线圈与第 l 个绕组之间的互感；

φ_i——沿定子内表面的位置坐标；

θ_{ri}——内单元电机转子相对于定子的位置角；

$\delta^{-1}(\theta_{ri}, \varphi_i)$——内单元电机的计算气隙函数；

$\mu_0\delta^{-1}(\theta_{ri}, \varphi_i)$——内单元电机计算气隙比磁导函数；

$N_{ki}(\theta_{ri}, \varphi_i)$、$N_{li}(\theta_{ri}, \varphi_i)$——内单元电机第 k 个绕组和第 l 个绕组的绕组函数。

另外，如果 $N_{ki}(\theta_{ri}, \varphi_i)$ 绕组位于定子上，则 $N_{ki}(\theta_{ri}, \varphi_i)$ 与 θ_{ri} 无关，而仅与 φ_i 有关。

3. 定子槽漏抗计算

定子绕组槽漏感计算为

$$\begin{cases} L_{po\sigma} = k_{po} N_{tpo}^2 l_{ef} \lambda_{po} \\ L_{pi\sigma} = k_{pi} N_{tpi}^2 l_{ef} \lambda_{pi} \\ L_{ci\sigma} = k_{ci} N_{tci}^2 l_{ef} \lambda_{ci} \end{cases} \tag{4.25}$$

式中　$L_{po\sigma}$、$L_{pi\sigma}$、$L_{ci\sigma}$——外功率绕组、内功率绕组和内控制绕组槽漏感；

k_{po}、k_{pi}、k_{ci}——外功率绕组、内功率绕组和内控制绕组每相串联线圈数；

N_{tpo}、N_{tpi}、N_{tci}——外功率绕组、内功率绕组和内控制绕组每个线圈匝数；

λ_{po}、λ_{pi}、λ_{ci}——外功率绕组、内功率绕组和内控制绕组每槽漏磁导。

300kW 永磁/笼障混合转子耦合双定子风力发电机内单元电机定子绕组如图 4.13 所示。

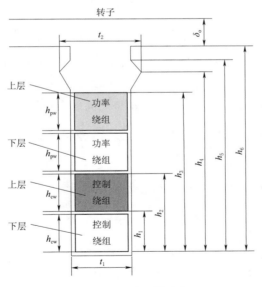

图 4.13　定子绕组

计算内定子控制绕组的漏磁能量为

$$W_{\sigma ci} = \sum_{i=1}^{7} \frac{1}{2\mu_0} \oint_{v_i} B_i^2(h_i) dv_i = \frac{1}{2} \mu_0 l_{ef} F_c^2 \lambda_{\sigma ci} \tag{4.26}$$

其中

$$\begin{cases} \mathrm{d}v_1 = \mathrm{d}v_2 = \mathrm{d}v_3 = \mathrm{d}v_4 = \mathrm{d}v_7 = t_1 l_{ef}\mathrm{d}h \\[2mm] \mathrm{d}v_5 = \dfrac{1}{2}\left[2t_1 + \dfrac{(t_2-t_1)(h-h_3)}{h_4-h_3} \right] l_{ef}\mathrm{d}h \\[4mm] \mathrm{d}v_6 = \dfrac{1}{2}\left[t_1 + t_2 + \dfrac{(t_2-t_1)(h_5-h)}{h_5-h_4} \right] l_{ef}\mathrm{d}h \end{cases} \tag{4.27}$$

$$\begin{cases} B_1 = \mu_0 \dfrac{h}{t_1 h_{cdown}} F_{cdown} & (0 < h \leqslant h_{cdown}) \\[4mm] B_2 = \mu_0 \dfrac{F_{cdown}}{t_1} & (h_{cdown} < h \leqslant h_1) \\[4mm] B_3 = \mu_0 \dfrac{F_{cdown} + F_{cup} \dfrac{h-h_1}{h_{cup}}}{t_1} & (h_1 < h \leqslant h_2) \\[4mm] B_4 = \mu_0 \dfrac{F_{cdown} + F_{cup}}{t_1} & (h_2 < h \leqslant h_3) \\[4mm] B_5 = \mu_0 \dfrac{F_{cdown} + F_{cup}}{t_1 + \dfrac{(t_2-t_1)(h-h_3)}{h_4-h_3}} & (h_3 < h \leqslant h_4) \\[6mm] B_6 = \mu_0 \dfrac{F_{cdown} + F_{cup}}{t_1 + \dfrac{(t_2-t_1)(h_5-h)}{h_5-h_4}} & (h_4 < h \leqslant h_5) \\[6mm] B_7 = \mu_0 \dfrac{F_{cdown} + F_{cup}}{t_1} & (h_5 < h < h_6) \end{cases} \tag{4.28}$$

式中　F_{cup}、F_{cdown}、F_c——上层控制绕组磁动势、下层控制绕组磁动势、控制绕组磁动势，且 $F_{cup} = F_{cdown} = 0.5 F_c$。

上层控制绕组磁动势与下层控制绕组磁动势之间的夹角为

$$\beta_{ci} = \arccos\left\{ \frac{1}{2q}\left[2y_1 \cos\frac{2\pi}{3} + 2(q-y_1) \right] \right\} \tag{4.29}$$

式中　y_1——短距槽数。

上层控制绕组磁动势与下层控制绕组磁动势的乘积为

$$F_{cup}F_{cdown} = \frac{1}{4}F_c^2 \cos\beta_{ci} \tag{4.30}$$

$$\lambda_{ci} = \lambda_{cupi} + 2\lambda_{cmi}\cos\beta_{ci} + \lambda_{cdowni} \tag{4.31}$$

式中　β_{ci}——上层控制绕组和下层控制绕组磁动势相位角。

基于式（4.27）~式（4.31），将其代入式（4.26），经推导整理后可得

$$\lambda_{cupi} = \mu_0\left(\frac{h_{cw}}{3t_1} + \frac{h_3 + h_6 - h_5 - h_2}{t_1} + \frac{h_5 - h_3}{t_2 - t_1}\ln\frac{t_2}{t_1} \right) \tag{4.32}$$

$$\lambda_{cdowni} = \mu_0\left(\frac{h_{cw}}{3t_1} + \frac{h_3 + h_6 - h_5 - h_{cw}}{t_1} + \frac{h_5 - h_3}{t_2 - t_1}\ln\frac{t_2}{t_1} \right) \tag{4.33}$$

$$\lambda_{cmi} = \mu_0 \left(0.5\frac{h_{cw}}{t_1} + \frac{h_3 + h_6 - h_2 - h_5}{t_1} + \frac{h_5 - h_3}{t_2 - t_1}\ln\frac{t_2}{t_1} \right) \tag{4.34}$$

同理，推导外功率绕组单位槽比漏磁导，其结果为

$$\begin{cases} \lambda_{po} = \lambda_{pupo} + 2\lambda_{pmo}\cos\beta_{po} + \lambda_{pdowno} \\ \lambda_{pi} = \lambda_{pupi} + 2\lambda_{pmi}\cos\beta_{pi} + \lambda_{pdowni} \end{cases} \tag{4.35}$$

将式（4.32）～式（4.35）代入式（4.25），经整理后可得外功率绕组、内功率绕组和内控制绕组的槽漏感，即可求取外功率绕组、内功率绕组和内控制绕组的槽漏抗。

4. 转子槽漏感计算

转子槽示意图如图4.14所示。

计算转子笼条槽漏感为

$$L_{r\sigma} = k_r N_{tr}^2 l_{ef}\lambda_r \tag{4.36}$$

式中 $L_{r\sigma}$——转子内笼障槽漏感；

k_r——转子每相串联内外笼条线圈数；

N_{tr}——内笼条每个线圈匝数；

λ_r——转子内外笼条每槽漏磁导。

转子外笼障漏磁能量为

$$W_{\sigma ro} = \sum_{i=1}^{5}\frac{1}{2\mu_0}\oint_{v_i} B_{ri}^2(h_i)\mathrm{d}v_i = \frac{1}{2}\mu_0 l_{ef}F_{ro}^2\lambda_{ro} \tag{4.37}$$

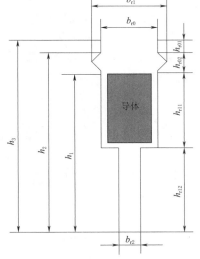

图 4.14 转子槽示意图

$$\begin{cases} B_{r1} = 0 & (0 < h \leqslant h_{r12}) \\ B_{r2} = \mu_0 F_r\dfrac{h - h_{r12}}{b_{r0}h_{r11}} & (h_{r12} < h \leqslant h_1) \\ B_{r3} = \mu_0\dfrac{F_r}{b_{r0} + \dfrac{(b_{r1} - b_{r0})(h - h_1)}{0.5h_{r02}}} & (h_1 < h \leqslant h_1 + 0.5h_{r02}) \\ B_{r4} = \mu_0\dfrac{F_r}{b_{r1} + \dfrac{(b_{r0} - b_{r1})(h - h_1 - 0.5h_{r02})}{0.5h_{r02}}} & (h_1 + 0.5h_{r02} < h \leqslant h_2) \\ B_{r5} = \mu_0\dfrac{F_r}{b_{r0}} & (h_2 < h < h_3) \end{cases} \tag{4.38}$$

$$\begin{cases} \mathrm{d}v_2 = b_{r0}l_{ef}\mathrm{d}h \\ \mathrm{d}v_3 = \left[b_{r0} + \dfrac{2(b_{r1} - b_{r0})(h - h_1)}{h_{r02}} \right]l_{ef}\mathrm{d}h \\ \mathrm{d}v_4 = \left[b_{r1} + \dfrac{2(b_{r0} - b_{r1})(h - h_1 - 0.5h_{r02})}{h_{r02}} \right]l_{ef}\mathrm{d}h \\ \mathrm{d}v_5 = b_{r0}l_{ef}\mathrm{d}h \end{cases} \tag{4.39}$$

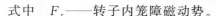

式中　F_r——转子内笼障磁动势。

将式（4.38）、式（4.39）代入式（4.37），经整理后可得转子内笼条每槽漏磁导，即

$$\lambda_r = \frac{h_{r01}}{b_{r0}} + \frac{h_{r02}}{b_{r1} - b_{r0}} \ln \frac{b_{r1}}{b_{r0}} + \frac{1}{3} \frac{h_{r11}}{b_{r0}} \tag{4.40}$$

4.2.6　电功率校核计算程序

基于双定子风力发电机的主要技术要求，结合该种发电机的设计原则和方法，计算该种发电机内外单元电机功率分配和主要尺寸；在此基础上，研究该种发电机极槽配合和绕组连接方式；最后，结合电机参数计算，计算出该种发电机的输出功率。双定子风力发电机输出功率校核计算程序如图 4.15 所示。

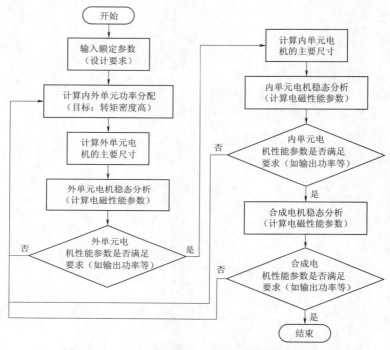

图 4.15　双定子风力发电机输出功率校核计算程序

4.3　双定子风力发电机的性能计算

基于永磁/笼障混合转子耦合双定子风力发电机的设计原则和方法，结合电机功率校核计算程序，设计出该发电机的主要参数见表 4.9。

表 4.9　　　　永磁/笼障混合转子耦合双定子风力发电机的主要参数

参　　数	数量	参　　数	数量
额定功率/kW	300	外定子内外径/mm	550/740
额定电压/V	690	内定子内外径/mm	220/398
额定转速/(r/min)	360	转子内外径/mm	400/540

续表

参　数	数值	参　数	数值
外功率绕组极数	20	铁芯有效轴长/mm	430
内功率绕组极数	12	内外定子槽数	72/90
内控制绕组极数	8	内外定子槽斜角/(°)	0.045/0.0695

4.3.1　空载运行

基于设计永磁/笼障混合转子耦合双定子风力发电机的主要参数，建立该发电机的有限元模型，分析和计算在空载运行下该发电机气隙磁通密度、谐波分析和绕组相电动势，其结果如图 4.16～图 4.18 所示。由结果分析可知，内外气隙磁通密度的最大值相对误差为 0.74%，以外单元电机为基准。由图 4.17 可知，外气隙磁通密度谐波含量较少；而内气隙磁通密度谐波含量略高，同时内气隙磁通密度的 4 次谐波、6 次谐波分别是内控制绕组和内功率绕组的基波，转子内笼障耦合能力（气隙磁通密度的 6 次谐波与 4 次谐波比值）为 104.3%。由图 4.18 可知，外功率绕组相电动势比内功率绕组相电动势高 0.73%，同时内外功率绕组相电动势与设计值误差分别为 0.31%、0.43%；内外功率绕组相电动势曲线相位基本一致，满足该发电机设计和绕组连接方式要求，验证了方法的可行性和合理性，同时也满足电机内外电磁特性一致性的要求。

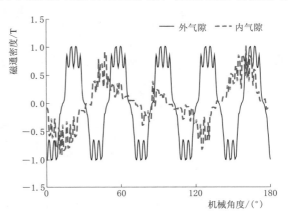

图 4.16　空载运行状态下电机气隙磁通密度

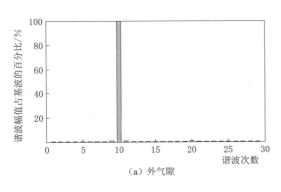

（a）外气隙

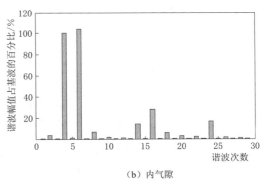

（b）内气隙

图 4.17　气隙磁通密度的谐波分析

4.3.2　负载运行

永磁/笼障混合转子耦合双定子风力发电机负载运行，其外接负载电路图如图 4.19 所示。

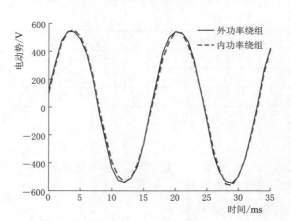

图 4.18　空载运行状态下电机功率绕组相电动势

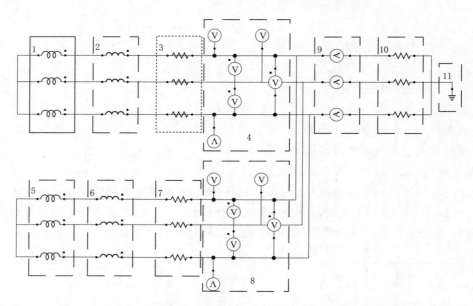

图 4.19　永磁/笼障混合转子耦合双定子风力发电机外接负载电路图

1—外单元电机；2—外定子功率绕组漏感；3—外定子功率绕组电阻；4—测外功率绕组相电压、线电压交流电压表；
5—内单元电机；6—内定子功率绕组漏感；7—内定子功率绕组电阻；8—测内功率绕组相电压、线电压交流电压表；
9—测负载交流电流表；10—负载；11—接地

　　基于电机主要参数，建立永磁/笼障混合转子耦合双定子风力发电机有限元模型，结合负载外电路，分析和计算在负载运行下该发电机的磁场分布、气隙磁通密度、功率绕组相电动势、负载电压和电流，其结果如图 4.20～图 4.23 所示。由结果分析可知，永磁/笼障混合转子耦合双定子风力发电机的磁场分布，满足该发电机设计的要求；外功率绕组电动势比设计额定电压高约 1.69%，而内功率绕组电动势比设计额定电压低约 1.18%；然而内功率绕组相电动势比外功率绕组相电动势低 2.65%，二者曲线相位基本一致，满足该发电机的绕组连接和设计要求，验证了分析方法的可行性和有效性，同时也满足内外电磁特性一致性的要求。

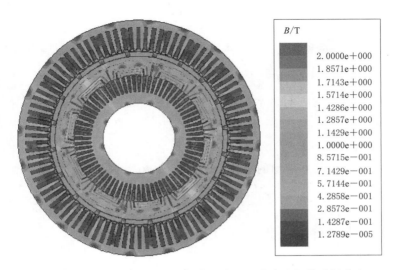

图 4.20　永磁/笼障混合转子耦合双定子风力发电机的磁场分布

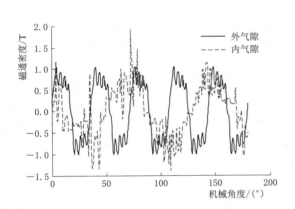

图 4.21　负载运行状态下双定子风力发电机的
气隙磁通密度

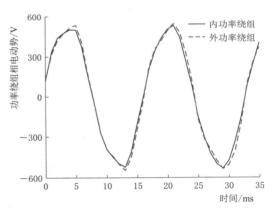

图 4.22　负载运行状态下双定子风力发电机的
内外功率绕组相电动势

基于上述分析，计算外单元电机和内单元电机输出功率分别为 275.97kW 和 39.81kW，二者输出功率之比约为 6.93，比设计时选取功率裂变比高 6.61%，同时该发电机输出功率比设计额定功率高 5.26%。综合考虑设计留有余量以及模型分析参数设置（如网格剖分精度等）和环境因素的影响，该设计满足电机设计的要求，验证了设计方法的合理性和有效性。

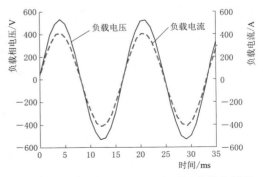

图 4.23　负载运行状态下双定子风力发电机的
负载相电压和电流

4.3.3　效率

效率是反映电机性能的重要指标，主要取决于电机的各种损耗。电机的效率为

$$\eta = \left(1 - \frac{\sum p_{loss}}{P + \sum p_{loss}}\right) \times 100\% \tag{4.41}$$

$$\sum p_{loss} = p_{1pCu} + p_{2pCu} + p_{Fe} + p_{cageCu} + p_{\alpha} + p_{mech} \tag{4.42}$$

式中　　η——效率；

$\quad\quad\quad P$——输出功率；

p_{1pCu}、p_{2pCu}——电机内外功率绕组的铜耗；

$\quad\quad\quad p_{Fe}$——铁耗；

$\quad\quad\quad p_{cageCu}$——笼条铜耗；

$\quad\quad\quad p_{\alpha}$——磁滞损耗；

$\quad\quad\quad p_{mech}$——机械损耗。

假设电机的杂散和机械损耗均为输出功率的 1%。对电机额定运行时的其他损耗进行计算分析，其结果见表 4.10。通过计算分析，永磁/笼障混合转子耦合双定子风力发电机的效率为 95.98%。

表 4.10　　　　300kW 永磁/笼障混合转子耦合双定子风力发电机的各种损耗

参　数	损耗	参　数	损耗
外功率绕组铜耗/kW	2.17	内功率绕组铜耗/kW	1.88
笼条铜耗/kW	1.15	铁耗/kW	1.71
磁滞损耗/kW	3.16	机械损耗/kW	3.16

4.4　电机性能计算软件平台开发

由于风力发电机采用双定子和永磁/笼障混合转子结构，其双气隙磁场分布与常规永磁风力发电机有较大差异，因此该种发电机的电磁性能计算不能直接套用现有的方法，必须根据风力发电机的特殊结构和运行机理，从机电能量转换角度出发，提出一套适用于该种发电机的电磁性能计算方法，并开发相应的软件平台，建立该发电机电磁性能分析人机交互界面。本书以 300kW 永磁/笼障混合转子耦合双定子风力发电机绕组并联为例，进行性能计算软件开发，获得方法也适用于其他电机。

根据电磁性能计算流程图（图 4.24）编制永磁/笼障混合转子耦合双定子风力发电机设计 CAD 软件，并开发了该发电机的用户界面，如图 4.25 所示。对于用户界面中按钮的设置，鼠标左键驱动，当鼠标点击按钮时，直接跳出相应的计算框，设计人员可以直观得到电机计算数值。

永磁/笼障混合转子耦合双定子风力发电机电磁设计与特性分析软件首先基于该种发电机的设计原则和方法，计算可得该发电机额定参数、主要尺寸、绕组参数、线规槽型、转子参数、磁路参数、电路参数、材料质量和电磁性能。通过用户界面的功能可实现额定

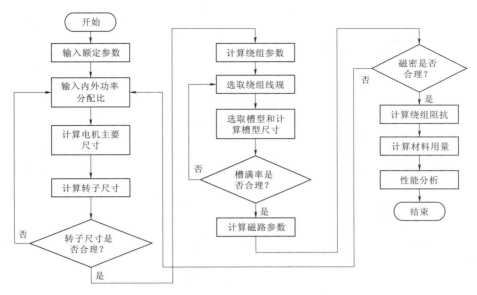

图 4.24 300kW 永磁/笼障混合转子耦合双定子风力发电机电磁性能计算流程图

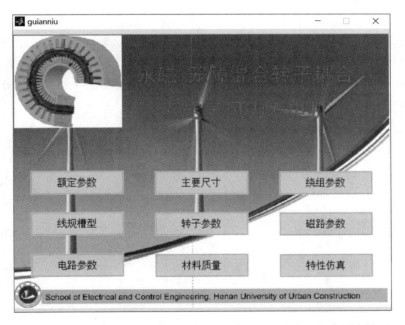

图 4.25 300kW 永磁/笼障混合转子耦合双定子风力发电机的用户界面

参数输入的可视化操作,其额定参数界面如图 4.26 所示。输入参数包括:额定功率 (kW)、额定电压 (V)、频率 (Hz)、极对数、额定功率因数、效率、相数等,其中转速可根据功率绕组频率和控制绕组频率计算。

利用 Matlab 中的 function 功能建立该发电机主要尺寸计算子程序,根据要求输入 300kW 永磁/笼障混合转子耦合双定子风力发电机的额定参数就可以得到其主要尺寸参

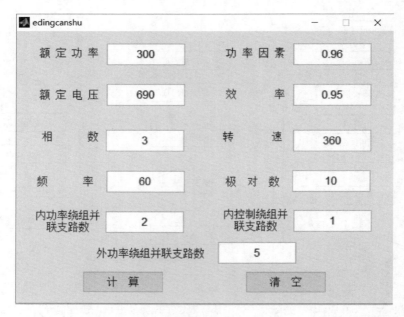

图 4.26　300kW 永磁/笼障混合转子耦合双定子风力发电机的额定参数界面

数，其主要尺寸界面如图 4.27 所示；然后建立内外单元电机的绕组参数计算子程序，计算外功率绕组、内功率绕组和内控制绕组的每极每相槽数、绕组节距、绕组基波系数、定子槽型尺寸和槽满率等参数；建立绕组阻抗计算子程序，计算内外定子绕组阻抗；基于上述计算参数，可计算出电机定子、转子铁磁材料以及绕组的材料用量；最后分析该发电机性能，其特性参数界面如图 4.28 所示。

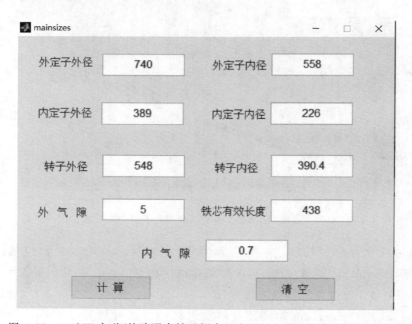

图 4.27　300kW 永磁/笼障混合转子耦合双定子风力发电机的主要尺寸界面

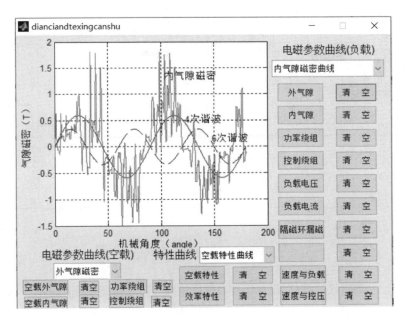

图 4.28 300kW 永磁/笼障混合转子耦合双定子风力发电机的特性参数界面

基于永磁/笼障混合转子耦合双定子风力发电机性能计算软件平台开发方法，将其方法应用于兆瓦级双定子无刷双馈风力发电机（表 4.11）性能计算，其结果如图 4.29～图 4.34 所示。

图 4.29 兆瓦级双定子无刷双馈电机用户界面

表 4.11　　　　　　　　　　兆瓦级双定子无刷双馈风力发电机主要参数

参　数	数量	参　数	数量
额定容量/kW	3000	额定电压/V	690
额定转速/(r/min)	360	相数	3
功率绕组频率/Hz	50	控制绕组频率/Hz	10
功率绕组极数	12	控制绕组极数	8
外定子外径和内径/mm	1900/1550	内定子外径和内径/mm	1040/760
转子外径和内径/mm	1544.4/1043.6	有效铁芯轴长/mm	900
外气隙/mm	2.8	内气隙/mm	1.8
外定子槽数	144/72	内定子槽数	144/72

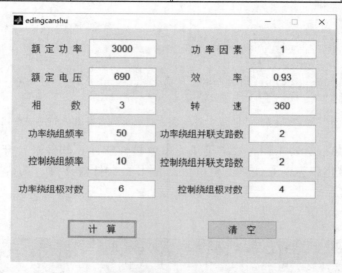

图 4.30　兆瓦级双定子无刷双馈电机额定参数

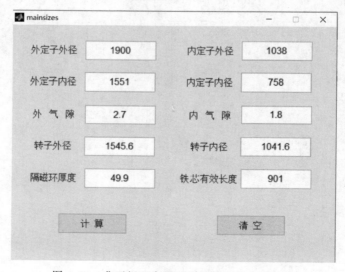

图 4.31　兆瓦级双定子无刷双馈电机主要尺寸

图 4.32 兆瓦级双定子无刷双馈电机绕组参数

图 4.33 双定子无刷双馈电机绕组电阻和电感

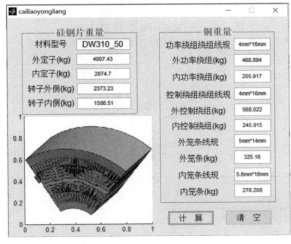

图 4.34 兆瓦级双定子无刷双馈电机材料

4.5　双定子风力发电机与常规风力发电机系统比较

设计了一台 300kM 半直驱永磁/笼障混合转子耦合双定子风力发电机（Dual - Stator Wind Power Generator with Permanent Magnet/Cage - Barrier Hybrid Rotor，PMCBHR - DSWPG）与笼障转子耦合双定子无刷双馈风力发电机（Dual - Stator Brushless Double Fed Wind Power Generator with Cage - Barrier Rotor，CBR - DSBDFWPG）、有刷双馈发电机（Doubly - Fed Generator，DFG）、绕线式无刷双馈发电机（Brushless Double Fed Generator with Winding Rotor，WR - BDFG）、永磁同步发电机（Permanent Magnet Synchronic Generator，PMSG）作比较，并考虑了转矩密度、机组特性和经济技术等方面。

1. 转矩密度

基于设计 PMCBHR - DSWPG 的主要参数，建立该种发电机有限元模型，计算和分析了该种发电机电磁性能参数。在此基础上，计算该种发电机的转矩密度为

$$T_V = \frac{P}{\Omega_e V} \tag{4.43}$$

式中　T_V——转矩密度；

　　　P——电机的输出功率；

　　　Ω_e——额度机械角速度；

　　　V——电机体积。

CBR - DSBDFWPG、DFG、WR - BDFG 与 PMSG 的主要参数见表 4.12。与 PMCBHR - DSWPG 采用相同的计算方法，计算出电机的转矩密度见表 4.13。由结果分析可知，所提出 PMCBHR - DSWPG 的转矩密度分别是 CBR - DSBDFWPG、DFG 和 WR - BDFG 转矩密度的 1.36 倍、3.43 倍和 2.04 倍，转矩密度高的优势比较明显，同时它也略高于 PMSG（设计电机转矩密度是 PMSG 的 1.03 倍）的转矩密度，从而验证了 PMCBHR - DSWPG 具有转矩密度高的优点。

表 4.12　　　　　　　　　　电机的主要参数

参　数	CBR - DSBDFWPG	DFG	WR - BDFG	PMSG
额定功率/kW	3200	2150	2000	3200
额定转速/(r/min)	360	1750	450	362
定子外径/mm	1900	830	1520	1492
铁芯有效轴长/mm	900	840	1050	1092
电刷装置长/mm	—	800	—	—

表 4.13　　　　　　　　　　电机的转矩密度

参　数	PMCBHR - DSWPG	CBR - DSBDFWPG	DFG	WR - BDFG	PMSG
转矩密度/(N·m/m³)	45339.03	33298.12	13221.5	22275.24	44214.28

2. 机组特征

PMCBHR－DSWPG 与 CBR－DSBDFWPG、DFG、WR－BDFG、PMSG 机组在电机结构、极对数、磁场、励磁是否可调等方面作比较见表 4.14。由表分析可知，所提出 PMCBHR－DSWPG 与 CBR－DSBDFWPG 比较，转矩密度高，结构制造复杂工艺程度低于后者；与 DFG 比较，PMCBHR－DSWPG 具有转矩密度高和维护成本低等优势；PM-CBHR－DSWPG 的转矩密度、加工简单均优于 WR－BDFG；同时，PMCBHR－DSWPG 转矩密度略高于 PMSG，但是前者所需要的变频器容量均小于后者，前者可以降低退磁风险所造成的危害。

表 4.14　　　　　　　　　　机 组 特 征 比 较

类型	PMCBHR－DSWPG	CBR－DSBDFWPG	DFG	WR－BDFG	PMSG
电机结构	无刷、外定子嵌有一套绕组和内定子嵌有两套绕组、永磁/笼障混合转子	无刷、双定子都嵌有两套绕组、笼障转子	有刷、定转子上均有绕组	无刷、两套绕组、绕线转子、单定子	无刷、一套绕组、转子为永磁结构
极对数	极对数配合受限	极对数配合不受限制，两套绕组极对数相差大于等于 2	极对数配合受限	极对数配合不受限制，两套绕组极对数相差大于等于 2	极对数配合受限
磁场	内外定子绕组均与转子磁场交链	功率绕组与控制绕组磁场互不干涉，与笼障转子磁场调制	定子绕组与转子绕组磁场交链	功率绕组与控制绕组磁场互不干涉，与绕线式转子磁场调制	定子绕组与永磁体磁场交链
励磁是否可调	外单元电机不可调、内单元电机可调	可以	可以	可以	不能
转矩密度	高	较高	低	较低	高
变频器容量	低于额定功率	1/3 额定功率	小	1/3 额定功率	全功率
传动方式	1～2 级齿轮箱	1～2 级齿轮箱	3 级齿轮箱	1～2 级齿轮箱	1～2 级齿轮箱
维护成本	低	低	高	低	低
加工工艺	较简单	较简单	简单	复杂	简单
有无退磁风险	若遇到退磁，但可以确保部分负荷供电，降低损失	无	无	无	有

3. 经济技术比较

PMCBHR－DSWPG 与 CBR－DSBDFWPG、DFG、WR－BDFG、PMSG 的经济技术比较见表 4.15。由结果分析可知，所提出 PMCBHR－DSWPG 每千瓦材料成本比其他发电机略高，但是该发电机功率仅 315kW，而其他电机都是兆瓦级发电机，功率等级范围是所提出电机的 7～10 倍。若 PMCBHR－DSWPG 达到兆瓦级，则其每千瓦成本会降低，这也是要求单机容量尽可能大的原因。

表 4.15		电机的经济技术比较		
参　　数	PMCBHR - DSWPG	WR - BDFG	PMSG	CBR - DSBDFWPG
硅钢片重量/(kg/kW)	4.35	8.07	5.23	6.83
永磁体重量/(kg/kW)	0.178	—	0.13	—
铜重量/(kg/kW)	0.553	1.135	0.48	1.05
材料成本/(元/kW)	147.08	145.65	128.53	129.98

注　硅钢片：7.5 元/kg；铜：75 元/kg；永磁体：410 元/kg。材料成本主要包含硅钢片、永磁体和铜。

综合比较 PMCBHR - DSWPG、CBR - DSBDFWPG、DFG、WR - BDFG 和 PMSG，验证了所提出的新型 PMCBHR - DSWPG 在风力发电机中的优势，体现出研究该种发电机的意义和价值。

4.6 小　　结

基于电机的基本结构和工作原理，并结合该发电机技术要求，设计了一台 3MW 和一台 300kW 永磁/笼障混合转子耦合双定子风力发电机，深入研究了该发电机的定转子结构选型、功率分配原则和方法、主要尺寸确定方法、极槽配合规律、定子绕组连接方式特点。在此基础上，以 300kW 永磁/笼障混合转子耦合双定子风力发电机为研究对象，分析了该发电机性能参数，得出以下几点结论：

（1）对比不同定子槽型和绕组，确定了该种发电机的定子槽型和绕组类型。基于不同转子的比较，提出了该种发电机的转子结构类型。

（2）针对内外单元电机的功率分配、主要尺寸和极槽配合，提出了该发电机的功率分配原则和主要尺寸确定方法，推导出了内外单元电机功率之比与内外定子直径之间的关系，总结出了定子、转子槽与功率绕组和控制绕组极对数之间的关系。

（3）深入研究了内外单元电机定子功率绕组串联和并联两种连接组合形式，得出了该类电机绕组不同连接方式的特点。

（4）采用有限元法分析了 300kW 永磁/笼障混合转子耦合双定子风力发电机的性能，满足设计电机的性能要求，验证了该发电机设计原则和分析方法的正确性和有效性。

（5）基于永磁/笼障混合转子耦合双定子风力发电机性能计算，结合该发电机参数计算，开发该种发电机性能计算软件平台，将其应用于兆瓦级双定子无刷双馈风力发电机设计与性能参数计算中，验证了方法的可行性。

（6）针对 PMCBHR - DSWPG 与 CBR - DSBDFWPG、DFG、WR - BDFG 和 PMSG 的比较，研究了转矩密度、机组特征和经济技术，得出了该发电机具有转矩密度高、性价比高的优势，体现出了研究该种发电机的重要意义和应用价值。

第5章 双定子风力发电机的转子优化和模块化设计

5.1 转 子 设 计

新型转子是由永磁体、笼障和支撑环构成，其结构示意图如图 5.1 所示。该发电机的转子外贴永磁体，内嵌笼障，其笼障由短路笼条和磁障构成。转子担负着电机的磁场调制和耦合，不仅影响改善电机转矩密度，而且还影响电机性能参数，因此需要研究转子结构参数对电机转子耦合能力与性能参数的影响。

转子耦合能力是指气隙磁通密度的 p_{pin}（功率绕组的极对数）次谐波与 p_{cin}（控制绕组的极对数）次谐波之比，其表达式为

$$bb = \frac{B_{\delta p}}{B_{\delta c}} \tag{5.1}$$

式中 bb——转子耦合能力；

$B_{\delta p}$、$B_{\delta c}$——气隙磁通密度的 p_{pin} 次谐波和 p_{cin} 次谐波。

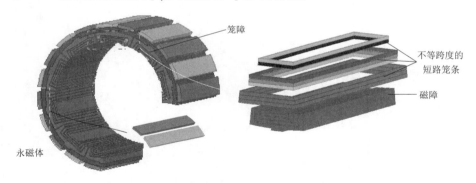

图 5.1 转子结构示意图

5.1.1 转子拓扑结构的选择

转子是由永磁体与笼障背靠背构成，如图 5.1 所示。转子外永磁体没有结构选择，而转子内笼障是由磁障和转子构成，对此重点研究转子内笼障的拓扑结构。

1. 转子磁障的选择

本书主要研究三角形和树形两种转子磁障拓扑结构，其结构如图 5.2 所示。以 300kW 永磁/笼障混合转子耦合双定子风力发电机的内单元电机为例，在相同的定子结构和控制绕组励磁条件下，建立和分析了不同转子磁障形状下的电机气隙磁通密度谐波，其结果如

图 5.3 所示，以气隙磁密的控制绕组极对数次谐波为基波。该发电机的内功率绕组和内控制绕组极对数分别为 6 和 4，计算了不同转子磁障的转子耦合能力。由结果分析可知，转子树形磁障的转子耦合能力比三角形磁障的转子耦合能力高 7.58%。

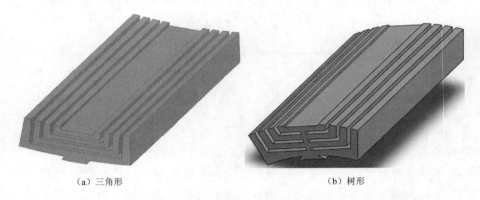

（a）三角形　　　　　　　　　　（b）树形

图 5.2　双定子风力发电机内单元电机转子磁障拓扑结构示意图

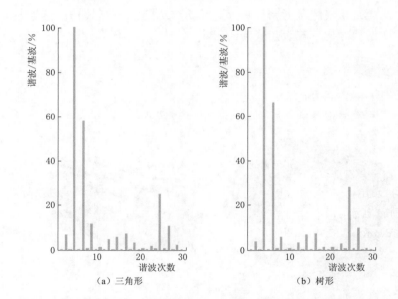

（a）三角形　　　　　　　　　（b）树形

图 5.3　不同转子磁障下的双定子风力发电机内气隙磁通密度谐波分析

计算电机转子磁障采用三角形结构下的功率绕组电压畸变率比树形结构下的功率绕组电压畸变率高 4.32%。由结果分析可知，该发电机转子内磁障结构选择树状形式。

2. 转子笼条的选择

本书针对永磁/磁障混合转子耦合双定子风力发电机转子内笼条拓扑提出了带单端短路和内置环的笼条转子，其类型如图 5.4 所示。转子内笼条巢数（图 5.5）等于内功率绕组和内控制绕组极对数之和，即

$$n_{cage} = p_{pin} + p_{cin} \tag{5.2}$$

式中　n_{cage}——笼条巢数。

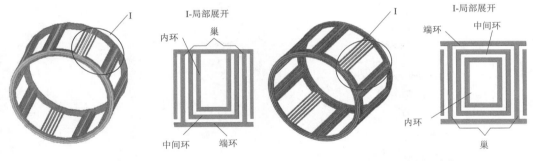

（a）单端短路的笼条转子　　　　　　　　　　（b）带内置环的笼条转子

图 5.4　双定子风力发电机转子笼条类型

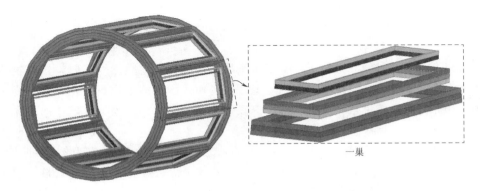

图 5.5　转子巢

以 300kW 永磁/笼障转子耦合双定子风力发电机内单元电机为例，研究在相同定子、转子和励磁电流下其转子耦合能力，其结果如图 5.6 所示。由结果分析可知，采用带内置环的笼条结构时，其转子耦合能力比单端短路笼条结构高 15.85%。因此所设计永磁/笼障混合转子耦合双定子风力发电机转子内笼条选取带内置环的形式。

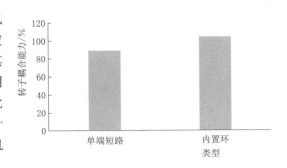

图 5.6　不同笼条类型的电机转子耦合能力

5.1.2　转子永磁体

永磁体的尺寸确定包括永磁体磁化高度和永磁体宽度。

永磁体磁化高度与气隙大小有关，气隙越大，永磁体的磁化高度就越高。同时永磁体磁化高度的选取还要考虑电机直轴同步电抗参数与永磁体的最大去磁工作点的状态。在合理的电抗参数范围内并且保证永磁体的最大去磁工作点位于拐点以上的情况下，结合电磁性能计算，永磁体磁化高度应选择较小值，减少永磁体的用量，从而降低电机成本。

从磁动势平衡关系出发，计算永磁体磁化高度的初选值为

$$h_m = \frac{K_s K_\delta b_{m0} \mu_r}{\sigma_0 (1 - b_{m0})} \delta \tag{5.3}$$

其中

$$\mu_r = \frac{B_{r20}}{\mu_0 H_{c20}} \tag{5.4}$$

式中　h_m——永磁体磁化高度;

　　　K_s——外磁路饱和系数;

　　　K_δ——气隙系数;

　　　δ——气隙长度;

　　　σ_0——空载漏磁系数;

　　　b_{m0}——预估永磁体的空载工作点;

　　　μ_r——永磁材料的相对恢复磁导率;

　　B_{r20}——20℃时永磁体剩余磁通密度;

　　H_{c20}——20℃时永磁体矫顽力;

　　　μ_0——空气磁导率,即为 $4\pi \times 10^{-7}$ H/m。

当 300kW 永磁/笼障混合转子耦合双定子风力发电机发生突然短路时,短路电流会达到几倍的额定电流值,这时在电机内产生退磁磁场使永磁体的工作点急剧下降。为了避免永磁体在电机三相突然短路时产生不可逆退磁,设计电机时必须校核永磁体的最大去磁工作点,使其高于拐点且留有一定的裕量。

以 300kW 永磁/笼障混合转子耦合双定子风力发电机外单元电机为例,利用 Ansoft 软件外电路处理器对该发电机三相突然短路时永磁体最大去磁工作点进行校核。双定子风力发电机外单元电机三相短路连线图如图 5.7 所示,其中 LWindingPA、LWindingPB、LWindingPC 分别为 A、B、C 三相绕组自感,LPA、LPB、LPC 分别为 A、B、C 三相定子绕组端部漏感,RPA、RPB、RPC 分别为 A、B、C 三相定子绕组电阻,RA、RB、RC 为阻性负载,VPA、VPB、VPC 分别为 A、B、C 三相电流表,用于测量电机的输出电流,IPA、IPB、IPC、IAB、IBC、ICA 为交流电压表,用于测量电机绕组电压,W_364、W_363 为电路开关,开关闭合电机三相绕组短路。

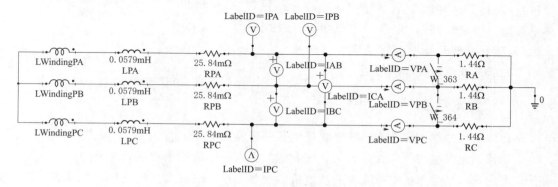

图 5.7　双定子风力发电机外单元电机三相短路连线图

设置双定子永磁风力发电机外单元电机在额定转速下运行,当 $t = 0.03$s 时,将开关 W_364、W_363 闭合,电机三相突然短路,对短路过程进行仿真,得出电机三相电流随时间的变化曲线。当永磁体磁化方向长度为 20mm 时，在最大短路电流下电机一块永磁体中心处的工作点变化曲线如图 5.8 所示。

永磁体磁化方向长度对其最大去磁状态时工作点的影响可如图 5.9 所示。由结果分析可知，当永磁体磁化方向长度降到 19mm 时，永磁体最大去磁工作点低于 0.3，其数值约为 0.24。继续减小磁化方向长度，则永磁体最大去磁工作点继续较快下降，当永磁体磁化高度低于 18mm 时，而永磁体最大去磁工作点低于 0.2。在电机设计时，为了留有一定的安全裕量，通常永磁体的最大去磁工作点选取要高于 0.3。

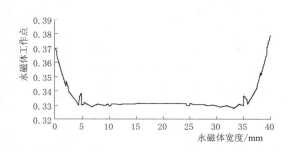

图 5.8　三相短路永磁体中心处的工作点
变化曲线

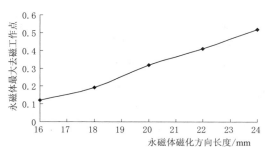

图 5.9　永磁体最大去磁状态时工作点随磁化
方向长度变化曲线

5.1.3　转子极弧系数

转子极弧系数是电机转子的重要参数，它不仅影响电机的气隙磁通密度，而且还影响电机性能参数，其结构如图 5.10 所示。图 5.10 中 α 为极弧系数，下标 1o、2o、1i、2i 分别表示转子外永磁体极距、转子外永磁体宽度、转子内磁障极距和转子内凸极部分。因此合理选择极弧系数对电机设计极为重要。

极弧系数表达为

$$\alpha = \frac{\alpha_{2k}}{\alpha_{1k}} \qquad (5.5)$$

式中　下标 k——取 i、o；

　　　α——极弧系数。

以永磁/笼障混合转子耦合双定子风力发电机的外单元电机为例，在空载运行情况下，分析和计算 20 极、90 槽下不同极弧的该发电机功率绕组电动势和齿槽转矩，其结果如图 5.11 所示。由结果分析可知，在电机定子和主要尺寸相同的条件下，功率绕组相电动势随着极弧系数的增大而增加。在极弧系数大于 0.75 之后，绕组相电

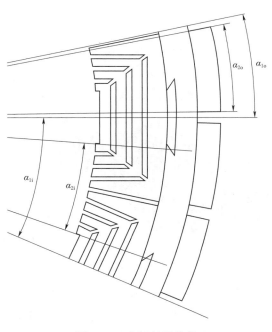

图 5.10　凸极转子结构

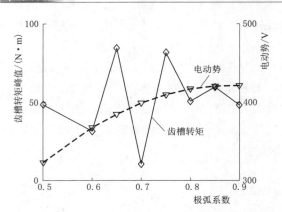

图 5.11　不同极弧下电机功率绕组相
电动势和齿槽转矩

动势变化比较缓慢并趋向平缓；同时也可以看出该发电机的齿槽转矩峰值在极弧系数 0.6 和 0.7 下较小，但是极弧系数为 0.6 的绕组相电动势较小。综合内外单元电机一致性的要求、电机齿槽转矩和材料成本，该发电机外单元电机的极弧系数拟选取 0.7。

基于上述的分析方法，分析和计算了不同极弧系数下该发电机内单元电机的性能参数，并考虑了内外单元电机电磁一致性的要求，选取内单元电机电机的极弧系数取值范围为 0.7～0.75。

5.1.4　转子内磁障导磁层数

转子内磁障是由导磁层和非导磁层组成，其导磁层数目的多少会影响转子的磁场调制能力，其结构如图 5.12 所示。转子的磁场调制能力随着导磁层数目的增加而增强。但非导磁层的数目过多会增加转子的磁路饱和程度，降低转子耦合能力，还会增加转子加工的难度和成本。因此有必要研究导磁层数量对转子耦合能力的影响，以确定其合理取值范围。

电机转子内磁障导磁层与非导磁层宽度比如图 5.13 所示。导磁层与非导磁层宽度比定义为

$$r_r = \frac{r_1}{r_2} \tag{5.6}$$

式中　r_r——导磁层与非导磁层宽度比；

r_1——导磁层宽度；

r_2——非导磁层宽度。

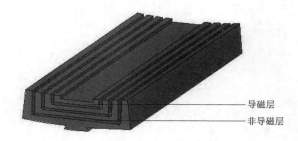

图 5.12　磁障转子的导磁层与非导磁层结构

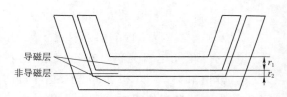

图 5.13　电机转子内磁障导磁层与非导磁层宽度比

采用有限元方法分析和计算转子内磁障不同导磁层数（m）内单元电机转子耦合能力和功率绕组电动势谐波含量，其结果如图 5.14 所示。由结果分析可知，在相同的励磁（控制绕组励磁）条件下，随着导磁层数的增加，能有效实现电机机电能量转换的气隙

磁通密度有用的 6 次谐波（功率绕组基波）含量逐渐较少，而有用的 4 次谐波（控制绕组基波）含量逐渐增加，转子耦合能力逐渐降低，但当 $m \geqslant 4$ 时，气隙磁通密度有用的谐波含量和转子耦合能力变化变小，并趋向平缓；然而，功率绕组电动势谐波含量随着导磁层数的增加而减少，并逐渐趋向平缓。基于结果分析可知，结合电机的加工装配和成本等因素，内单元电机的转子内磁障导磁层数选取 4～6 比较合理。

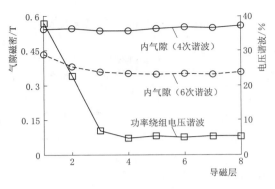

图 5.14　不同导磁层的电机气隙磁通密度和功率绕组电压谐波

5.1.5　转子短路笼条数

短路笼条影响转子磁场调制能力，其转子内笼障结构如图 5.15 所示，其中 a 为公共短路笼条组合，b 为公共短路笼条和第一组短路笼条组合，c 为公共短路笼条、第一组短路笼条和第二组短路笼条组合，d 为公共短路笼条、第一组短路笼条、第二组短路笼条和第三组短路笼条组合。基于磁场调制理论和确定导磁层数，分析了不同短路笼条组数 n（$n \leqslant m$）对内单元电机转子耦合能力的影响，其结果如图 5.16 所示。由结果分析可知，仅磁障（无短路磁障，图中用"0"表示）时转子耦合能力最低，d 短路笼条组合时转子耦合能力最强，a 公共短路笼条对转子磁场调制能力影响最大。同时，转子耦合能力随着短路笼条组数的增加而增强，而转子耦合能力的变化量随着短路笼条组数的增加而逐渐变缓。综合考虑成本、工艺、损耗和装配，该发电机转子笼条组合选取了较合适的 c 组合，即该发电机转子短路笼条是由公共短路笼条、第一组短路笼条和第二组短路笼条组成。

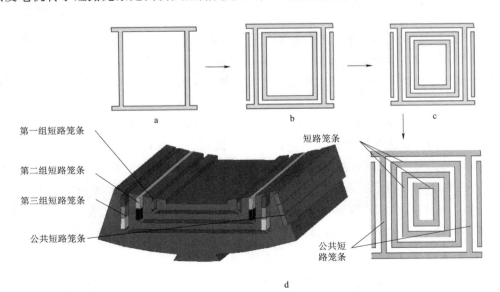

图 5.15　转子内笼障结构

5.1.6　斜槽对转子耦合能力的影响

斜槽是把电机齿槽沿轴向扭斜一定角度。它可以削弱齿谐波引起的噪声与附加转矩，从而改善电机绕组感应电压的波形畸变率，降低损耗。

以永磁/笼障混合转子耦合双定子风力发电机的内单元电机为例，在电机主要尺寸、转子和励磁电流相同的条件下，分析了不同斜槽下该发电机齿槽转矩和功率绕组相电动势，其结果如图 5.17 所示。由结果分析可知，该发电机功率绕组相电动势在斜槽角度大于 0.1°之后变化不大，而在 0.0695°之前功率绕组相电动势和齿槽转矩都是随斜角的增加而增加；然而在斜槽角度大于 2°之后，该电机的齿槽转矩随斜槽角度增大而增大，而功率绕组相电动势变化不大。综合上述分析，结合加工工艺，选取该发电机内定子斜槽角度为 0.0695°。

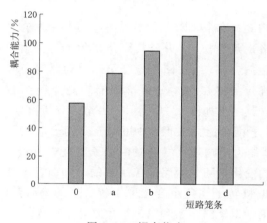

图 5.16　耦合能力

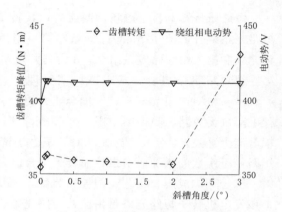

图 5.17　斜槽对电机性能的影响

永磁/笼障混合转子耦合双定子风力发电机外单元电机的定子斜槽采用同内单元电机定子斜槽相同的分析方法，分析和计算了不同斜槽下永磁/笼障混合转子耦合双定子风力发电机外单元电机的齿槽转矩和功率绕组相电动势。选取该发电机合理的外定子斜槽角度为 0.045°。

基于永磁/笼障混合转子耦合双定子风力发电机内外定子斜槽的分析，以该发电机的内单元电机为例，分析和计算常规（不斜）槽和斜槽（0.0695°）下该发电机内气隙磁通密度，其结果如图 5.18 所示。由结果分析可知，该发电机气隙磁通密度的 4 次和 6 次谐波分别为控制绕组、功率绕组的基波，计算常规槽和斜槽下该发电机转子耦合能力分别为104.1% 和 104.5%，且前者略低于后者。除基波之外，通过大量的计算和分析，总结出该发电机内单元电机影响磁场的主要高次谐波与极对数之间的关系为

$$\begin{cases} \beta = \nu p_{\text{cin}} \\ \beta = \nu p_{\text{pin}} \quad (\nu = 4, 8, 12, \cdots) \\ \beta = 3\nu + 2 \end{cases} \tag{5.7}$$

式中　β——气隙磁通密度的高次谐波。

气隙磁通密度的高次谐波希望越小越好，有助于该发电机降低损耗和提高效率。由结果分析可知，斜槽电机气隙磁通密度的 4 次和 6 次基波均高于常规槽电机气隙磁通密度的 4 次、6 次谐波；然而前者其他谐波基本上略低于后者，有助于该发电机降低损耗和削弱振动噪声，提高其效率和输出功率。因此，该发电机定子槽选用斜槽。

5.1.7　转子支撑环厚度对转子的影响

转子支撑环在电机转子中不仅作为外单元电机磁路的一部分，同时也起到内外单元电机隔磁和支撑作用。因此，需要研究转子支撑环。转子支撑环增厚，则影响电机性能参数；转子支撑环变薄，既影响到外单元电机输出功率，同时也增加内外单元电机漏磁和影响转子机械强度。通过建立和分析不同支撑环厚度下的电机有限元模型，得出了该电机转子支撑环环中心处漏磁影响（图 5.19），同时针对两种支撑环厚度下电机参数的影响（表 5.1）。由结果分析可知，随着转子支撑环厚度不断增加，转子支撑环的漏磁逐渐减少并趋于平缓；在相同的定子和励磁条件下，当转子支撑环漏磁变化不大时，转子支撑环厚度的增加对电机电磁参数的影响不大。同时，考虑转子支撑环厚度时，需要考虑转子支撑环机械强度，特别是转子支撑环上切割燕尾槽处，其结构如图 5.20 所示。因此。在保证转子支撑环的机械强度下，合理选择转子支撑环厚度范围为 15～20mm。

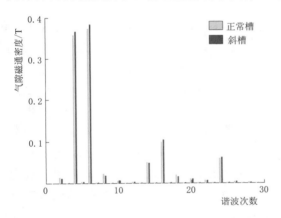

图 5.18　正常槽和斜槽的内单元电机气隙磁通密度

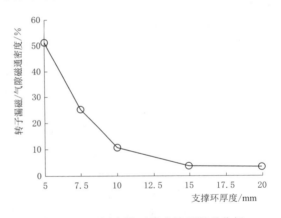

图 5.19　不同支撑环厚度转子漏磁分析

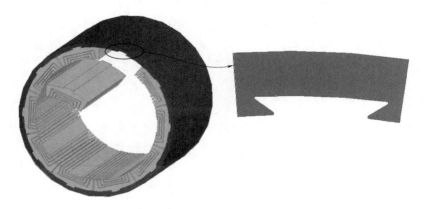

图 5.20　转子燕尾槽

表 5.1　　　　　　　　　　　　　　两种支撑环厚度下电机参数的影响

支撑环厚度/mm	外/内功率绕组线电动势/V	转子支架中间磁通密度/T
15	681.33/693.91	0.086
20	672.94/686.72	0.078

5.2　转　子　优　化

优化设计（Optimal Design）是近些年发展起来的一门新学科，是最优化技术和计算机计算技术在设计领域中应用的结果。优化设计为工程设计提供了一种重要的科学设计方法，使得在解决复杂设计问题时，能从众多的设计方案中寻找到较合适的设计方案。在设计过程中，常常根据产品设计的要求，合理确定设计参数，以达到最佳的设计目标。这就是说，一项工程设计总是要求在一定的技术和物质条件下，取得一个技术经济指标为最佳的设计方案。

优化设计是对电机的期望值。它是指在满足国家标准、用户要求以及特定约束条件下，使电机的效率、体积、功率、质量、成本等设计性能指标达到较佳而采用的一种设计技术和方法。

电机的优化设计是在初始设计电机参数的基础上，进一步优化电机结构参数，从中选择一套较好的结构尺寸。针对双定子风力发电机优化设计，结合设计电机要求转矩密度高、输出功率大、成本低和缩短设计周期，进行该电机结构参数优化，选取一组较优的结构参数。

由于设计永磁/笼障混合转子耦合双定子风力发电机具有很强的耦合性，其参数之间的相互影响也比较大。当电机中的某一参数发生变化时，该电机的其他部分也会发生变化，需要调整其他参数来达到所需要的性能指标。在调整的过程中，会使电机的某一部分达到最优，也可能造成其他目标变差。一般在多目标优化时，只能一个一个独立地进行优化设计，这些会使调整工作量比较大，而且也无法达到最优的性能。所以进行多目标优化时，一般的优化方法无法使用，这就需要新的优化方法。本书拟采用田口法对永磁/笼障混合转子耦合双定子风力发电机进行优化设计。

田口方法是一种低成本、高效益的质量工程方法，它强调产品质量提高不是通过检验，而是通过设计。较好的设计方案可以减小电压畸变率，改善输出功率和效率，降低设计成本，缩短设计周期。本书拟采用田口法，对双定子风力发电机的新型永磁/笼障混合转子进行优化，其转子优化设计思路如图 5.21 所示。

5.2.1　选择质量因素和控制因素

控制因素是电机的设计变量。为了提高耦合能力，减少漏磁，选择电机的主要尺寸作为控制因素。本书选取双定子风力发电机内单元电机内气隙长度和转子支撑环厚度作为控制参数优化设计因素。

质量是电机优化设计的目标。电机的机电能量转换是由气隙磁通密度的有用次谐波来完成的。设计的永磁/笼障混合转子耦合双定子风力发电机外单元电机功率绕组极对数为

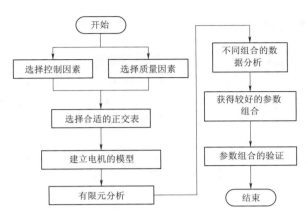

图 5.21　双定子风力发电机的新型永磁/笼障混合转子优化设计思路

10，而内单元电机的功率绕组和控制绕组极对数分别为 6 和 4。当控制绕组励磁时，采用气隙磁通密度的 4 次谐波和 6 次谐波作为基波，用 6 次谐波与 4 次谐波的比值来反映电机耦合能力。根据电机的工作原理和转子结构，在转子中间嵌有一个隔磁环。该磁环既起到支撑作用，又起到对内隔磁和对外导磁作用。因此，该转子支撑环厚度既不能太薄也不能太厚。否则会影响电机的性能。通过以上分析和讨论，本书选取了转子支撑环漏磁系数和有效谐波与基波之比作为优化设计的质量因素。

5.2.2　实验设计

在控制因素和质量因素选择的基础上，进行了实验设计。本书采用正交表法对实验数据进行列举。在相同励磁和定子条件下，对实验数据进行分析，仿真结果和正交表见表 5.2。表中 A、B、β_1、β_2 分别为内单元电机内气隙、转子支撑环厚度、转子支撑环漏磁密度与气隙磁通密度之比、有用谐波与基波之比。在气隙长度相同的情况下，β_1 随着非磁环厚度的增加而减小，但是 β_2 随着非磁环厚度的增加而增大。而在转子支撑环厚度相同的情况下，β_1 随着气隙长度的增加而增大，但是 β_2 随着气隙长度的增加而减小。

表 5.2　　　　　　　　　　仿 真 结 果 和 正 交 表

序　号	A/mm	B/mm	β_1/%	β_2/%
1	0.5	11	6.74	86
2	0.5	14	5.1616	87
3	0.5	17	4.3061	88
4	0.8	14	6.0238	78.5
5	0.8	17	4.9627	78.5
6	0.8	11	8.0981	78
7	1.1	17	5.7975	71.5
8	1.1	11	9.4634	71
9	1.1	14	7.5758	71

5.2.3 实验数据的分析

分析转子支撑环厚度和内气隙尺寸对内单元电机性能的影响，田口法提出采用均值分析（Mean Value Analysis，MVA）和影响系数分析（Influence Coefficient Analysis，ICA）方法分析各参数对转子支撑环漏磁密度与气隙磁通密度之比、有用谐波与基波之比的影响。从实验数据中找出该发电机较好的结构参数。

1. 均值分析

均值分析主要是分析各变量影响程度的平均值，帮助找到合适的最优组合。分析结果平均值表示为

$$R = \frac{1}{n}\sum_{k=1}^{n}S_k \tag{5.8}$$

式中　R——平均值；

　　　n——实验数据；

　　　S_k——第 k 个质量因素。

质量因素的平均值为

$$a_{ij} = \frac{S_{ij}}{n_{ij}} \tag{5.9}$$

式中　a_{ij}——第 j 个变量第 i 因素下的平均值；

　　　n_{ij}——第 j 个变量第 i 因素下的序号；

　　　S_{ij}——第 n_{ij} 质量特征之和。

不同结构参数下质量因素的平均值见表 5.3。

表 5.3　　　　　　　　　　　　　　质 量 因 素 的 平 均 值

控制因素	参数/mm	$\beta_1/\%$	$\beta_2/\%$
A	0.5	5.4025	87
	0.8	6.3615	78.33
	1.1	7.6122	71.167
B	11	8.1005	78.33
	14	6.254	78.83
	17	5.0221	79.33

2. 影响系数分析

均值分析法只能对单个结果进行优化分析，而影响系数分析法主要利用仿真结果驱动各参数对其最优值的影响百分比。最优值的计算为

$$SSF_x = m\sum_{i=1}^{m}[M_x(S_i) - M(S)_x]^2 \tag{5.10}$$

式中　SSF_x——参数的影响系数；

　　　x——A、B。

采用影响系数分析法计算电机不同结构参数的质量因素，其结果见表5.4，如图5.22所示。由结果分析可知，气隙长度对转子支撑环漏磁的影响小于转子支撑环厚度的影响；气隙长度对有效谐波的影响大于转子支撑环厚度影响。

表 5.4　　　　　　　　　　　　　　不同结构参数的质量因素

控制因素	β_1		β_2	
	参数的影响系数	比率/%	参数的影响系数	比率/%
A	7.367	33.84	377.1	99.6
B	14.4	66.16	1.5	0.4

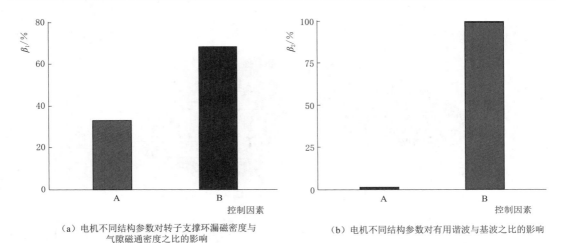

（a）电机不同结构参数对转子支撑环漏磁密度与
气隙磁通密度之比的影响

（b）电机不同结构参数对有用谐波与基波之比的影响

图 5.22　电机不同结构参数对质量因素的影响

5.3　模 块 化 设 计

随着单机容量的增大，对于直驱式或半直驱式风力发电机，由于转速低，所以采用较多的极数和较大的体积，使有效材料用量和电机成本增加。此外，风力发电机过重也会增加机体整体运输和安装的费用，一般要求风轮外径最大不超过4m。因此，本书提出了电机模块化的结构思想，即将电机分成若干个单元模块进行生产加工，再将单元模块组装成整机。这样不仅可以大幅度降低电机的运输、吊装成本，而且有利于电机的拆卸维修和提高材料的利用率。同时发电机各模块间具有较强的独立性、电磁一致性和良好的容错性。

5.3.1　定子模块化

1. 定子中嵌有双层绕组或单层绕组

针对电机外定子铁芯槽中嵌有双层绕组，且该定子是由若干个定子铁芯模块拼接而成的开口槽结构的研究中，其单个定子铁芯结构如图5.23所示。外定子模块个数不仅从装

配角度出发，还要从电磁性能方面考虑，最好按绕组并联支路数划分。一般对于单层绕组或双层绕组定子模块的取值范围要求为

$$\begin{cases} n_{\mathrm{m}} = \mathrm{int}\, \dfrac{Q}{Q_{\mathrm{m}}} \\ Q_{\mathrm{m}} = 2qm \left(\mathrm{int}\, \dfrac{p}{n_{\mathrm{m}}} \right) \end{cases} \tag{5.11}$$

式中　　n_{m}——定子开设模块数，$1 < n_{\mathrm{m}} < p$；

Q——定子槽数；

Q_{m}——定子模块槽数；

q——每极每相槽数；

m——相数；

p——极对数。

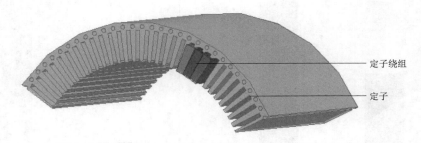

图 5.23　单个定子铁芯结构（定子中嵌有双层绕组或单层绕组）

单个定子铁芯模块由一定数量的定子铁芯冲片、两端的定子压板、拉紧螺杆以及固定螺栓等部分组成。图 5.24 给出了成型线圈绕制胎具和绕组三维图，该胎具主要由三部分组成，分别是上、下夹板和胎具主体。绕线时，将引线固定在胎具的一个夹板上，然后顺次缠绕每一排线匝。绕制好的线圈呈阶梯状以充分利用定子槽空间。这种工艺的优势在于成型线圈的绕制可以与齿模块的制造独立进行，提高生产效率。

2. 定子中嵌有多层绕组

研究电机内定子铁芯槽中嵌有两套绕组，共四层绕组，该定子是由若干个定子铁芯模块拼接而成的开口槽结构，其单个定子铁芯结构如图 5.25 所示。

研究电机定子绕组的并联支路数与极对数有关。永磁/笼障混合转子耦合双定子风力发电机内单元电机定子上嵌有功率绕组和控制绕组两套不同极对数的绕组。采用有限元法对电机内单元电机进行性能参数分析，其不同并联支路数下的电机功率绕组感应电动势如图 5.26 所示，电机的内气隙径向磁通密度如图 5.27 所示。图 5.26（a）为 2 个并联支路功率绕组感应相电动势。图 5.26（b）为 12 个并联支路功率绕组感应相电动势，但第 1～第 6 并联支路功率绕组感应相电动势与第 7～第 12 并联支路功率绕组感应相电动势对应相同，如第 1 条支路和第 7 条支路功率绕组感应相电动势相同。因此，图 5.26（b）仅显示第 1～第 6 并联支路功率绕组感应相电动势。由结果分析可知，各支路功率绕组感应相电动势相位和幅值不同，在绕组中产生环形电流。因此，功率绕组的并联支数不宜为 12。因此，该内单元电机定子不宜分割为 12 个模块。图 5.27 为电机气隙径向磁通密度。

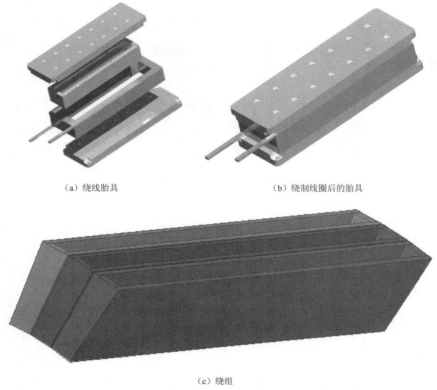

（a）绕线胎具　　　　　　　　　　　　（b）绕制线圈后的胎具

（c）绕组

图 5.24　成型线圈绕制胎具和绕组三维图

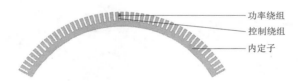

图 5.25　单个定子铁芯结构（定子中嵌有多层绕组）

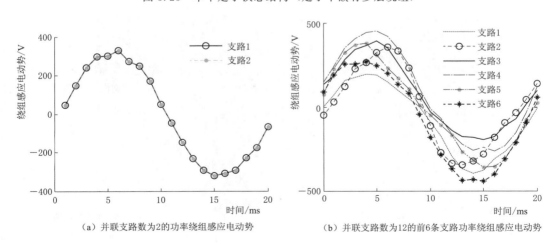

（a）并联支路数为2的功率绕组感应电动势　　　　　（b）并联支路数为12的前6条支路功率绕组感应电动势

图 5.26　不同并联支路数的功率绕组感应电动势

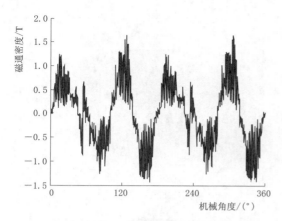

图 5.27 电机的内气隙径向磁通密度

基于结果分析，总结出内单元电机定子绕组并联支路数规律为

$$\begin{cases} K = (p_p, p_c) \\ L = \dfrac{360°}{K} \quad (L \in N) \end{cases} \quad (5.12)$$

式中 K ——功率绕组极对数和控制绕组极对数的公因数；

p_p ——功率绕组极对数；

p_c ——控制绕组极对数；

L ——整数；

N ——正整数的集合。

根据式（5.12），永磁/混合转子耦合双定子风力发电机内单元电机定子结合实际情况选择适合定子模块数。

5.3.2 转子模块化

本书主要研究电机的新型永磁/笼障转子采用模块化结构，其结构如图 5.28 所示。每个模块是由永磁体、转子支撑环和笼障组成，其中永磁体采用表贴式、笼障采用燕尾式挂极结构。转子支撑环既起到支撑作用，又起到导磁作用。在转子支撑环上切割燕尾槽，同时也要保证每个模块的同心度，确保每个模块装配完后电机具有均匀的气隙，从而保证电机的性

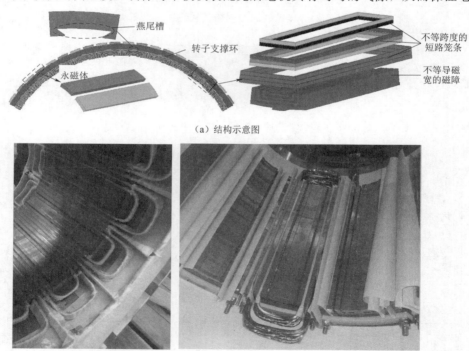

（a）结构示意图

（b）实物图　　　　　　　（c）单个笼障实物图

图 5.28 转子单元模块

能。因此专门设计了叠压工装。压装完之后，利用端压板将转子模块轴向固定。

5.3.3 转子装配和电机导向总装配工艺

由于永磁体具有很大的吸力，因此大容量永磁电机都需要借助工装来实现永磁体的装配。由于转子外表面永磁体采用表贴式，为使电机永磁体顺利装配，并保证其装配过程中的安全，制作了一套永磁体装配工装和卡具。由于电机转矩密度大、永磁体吸力极强，因此对其装配现场环境的要求也极其严格；同时对于转子内磁障嵌入转子支撑环燕尾槽，需要制作磁障装配工装和卡具，确保转子内磁障同心，电机内单元电机气隙均匀，避免电机气隙不均匀，受电磁场作用力，造成电机扫膛，其工艺流程如图5.29所示。

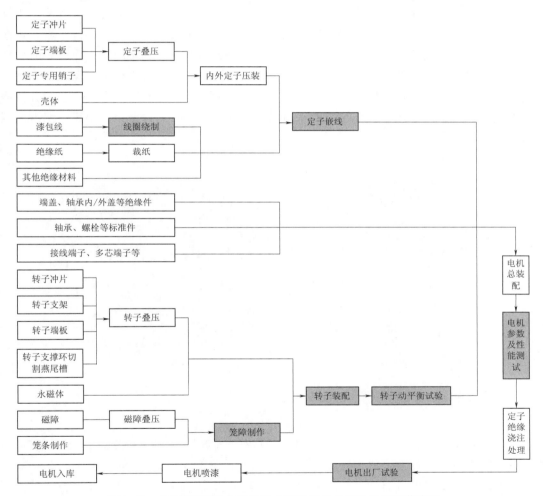

图 5.29 永磁/笼障混合转子耦合双定子风力发电机的工艺流程

5.3.4 模块化绕组结构

1. 分数槽集中绕组结构

永磁/笼障混合转子耦合双定子风力发电机的损耗主要包括铜耗、铁耗、机械损耗以

85

及杂散损耗。对于低转速永磁电机，由于频率较低，铁耗所占比例不大，而铜耗却占了很大比重，因此本书把如何减小电机的铜耗来提高电机的效率作为主要研究内容。

分数槽集中绕组主要具有如下优点：

（1）平均每对极下槽数变小，降低槽绝缘所占的空间，有利于提高槽的利用率，进而提高电机的输出功率和效率。

（2）每个线圈只套在一个齿上，大大缩短了绕组端部伸出长度和平均匝长，减小用铜量，降低铜耗，提高了电机的效率；而且各个线圈没有重叠，无须层间和相间绝缘，槽利用率得到提高，从而提高了电机的性能。电机的铜耗主要取决于电阻的大小，对于传统电机的双层叠绕组，绕组端部电阻几乎占到电机总电阻的 40% 以上，因此缩短绕组端部是减小电阻的有效措施。本书对于直驱或半直驱永磁/笼障混合转子耦合双定子风力发电机外定子采用分数槽集中绕组结构，绕组直接绕到一个齿上，大大缩短了绕组端部长度，提高了电机效率。该结构绕组互不重叠，实现了物理隔离，没有了层间绝缘，简化了绝缘结构，而且分数槽集中结构电机的槽数一般都是少槽大槽，减小了槽绝缘所占面积，提高了槽的利用率，进一步提高了电机的效率。图 5.30 和图 5.31 分别给出了分布绕组和分数槽集中绕组端部连接示意图以及绕组结构示意图，从图中可以明显看出分数槽集中绕组用铜量大大减少。

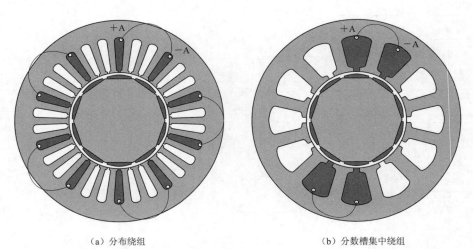

（a）分布绕组　　　　　　　　　　　　　　　　（b）分数槽集中绕组

图 5.30　绕组端部连接示意图

在保证热负荷、相同槽满率和转速相同的情况下，对极槽数分别为 80 极 96 槽和 80 极 240 槽两套电机设计方案的铜耗进行了比较。以 300kW 永磁/笼障混合转子耦合双定子风力发电机的外单元电机为例，采用分数槽集中绕组的 80 极 96 槽方案铜耗仅为采用分布绕组的 80 极 240 槽方案的 65.8%。采用有限元法建立不同功率的永磁电机采用分数槽集中绕组与常规绕组电机模型，计算和分析其绕组铜耗和电机效率，其结果如图 5.32 所示。由结果分析可知，分数槽集中绕组电机用铜量随着电机功率增大而增加。在相同功率等级下，分数槽集中绕组电机用铜量均比常规绕组电机用铜量小；但随着功率增大，常规绕组电机用铜量比分数槽集中绕组用铜量增加多而比较明显。在电机功率低于 100kW 下，分

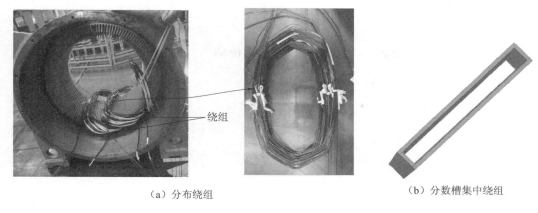

（a）分布绕组　　　　　　　　　　　（b）分数槽集中绕组

图 5.31　绕组结构示意图

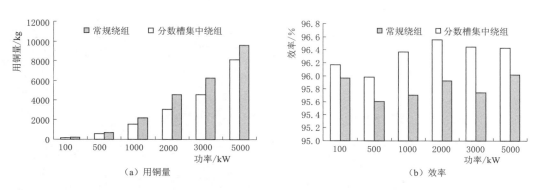

（a）用铜量　　　　　　　　　　　　（b）效率

图 5.32　采用常规绕组和分数槽集中绕组电机的性能对比

数槽集中绕组电机用铜量均与常规绕组电机用铜量差距明显不大。在相同功率等级下，分数槽集中绕组电机效率均比常规绕组电机效率高。在电机功率大于或等于 100kW 等级下，分数槽集中绕组电机效率均比常规绕组电机效率高，但二者效率差距均小于 1%。由于电机功率比较大，且电机效率相差 1%，风电机组的发电经济效益也非常可观。因此，合理选取电机绕组形式非常重要。

（3）分数槽集中绕组便于使用专用绕线机，绕线模结构简单，省去常规程序绕组热压成型等工序，没有常规绕组的鼻端等薄弱环节，而且嵌线工艺简单，线圈直接套入齿上，大大提高了工效。

（4）由于各个线圈没有重叠，实现了各元件间的物理隔离，使电机具有很好的容错能力。

2. 分数槽分布绕组结构

双定子风力发电机内定子采用极对数不同的两套绕组，即功率绕组和控制绕组，其双绕组常规接线图和绕组展开图分别如图 5.33 和图 5.34 所示。

对于该电机内定子模块化，可以以 12（功率绕组极数）＋8（控制绕组极数）或 6（功率绕组极数）＋4（控制绕组极数）为一模块，该研究以模块为 12（功率绕组极数）＋8（控制绕组极数）为例，模块绕组采用小跨距＋大跨距相结合方式接线，分别以功率绕组、控制绕组 A 相绕组接线为例，其绕组接线图分别如图 5.35 和图 5.36 所示。

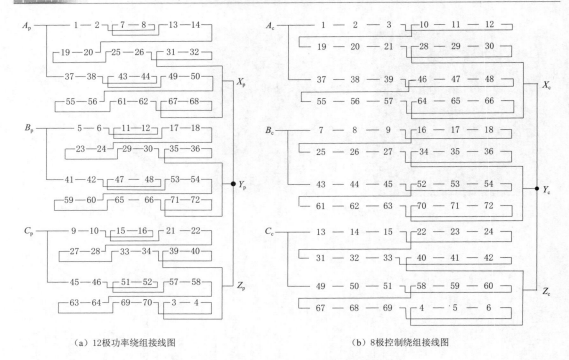

（a）12极功率绕组接线图　　　　　　　　　　　（b）8极控制绕组接线图

图 5.33　72槽（12＋8）极双绕组接线图

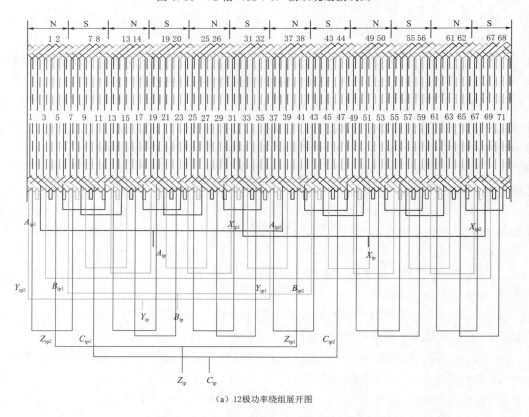

（a）12极功率绕组展开图

图 5.34（一）　72槽（12＋8）极绕组展开图

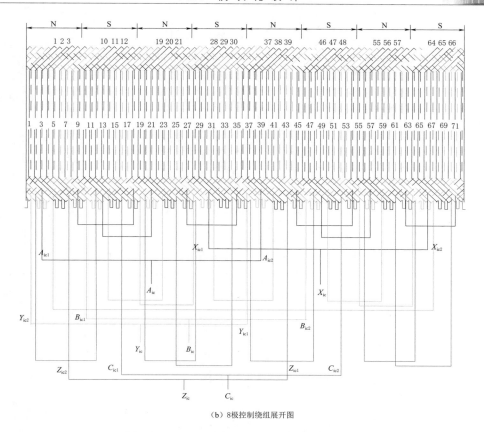

（b）8极控制绕组展开图

图5.34（二） 72槽（12＋8）极绕组展开图

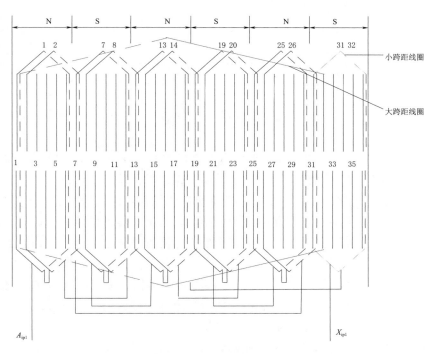

图5.35 单模块功率绕组 A 相展开图

图 5.36　单模块控制绕组 A 相展开图

5.4　小　　结

基于永磁/笼障混合转子耦合双定子风力发电机的基本结构和工作原理，深入研究了该发电机的转子结构、转子优化和模块化设计后，得出以下几点结论：

（1）针对双定子风力发电机的永磁/笼障混合转子结构，深入研究了转子内磁障结构、笼条结构、笼条组数和斜槽对转子耦合能力的影响，得出了转子磁障采用树状结构、转子笼条采用内置环笼条和斜槽均可提高转子耦合能力；同时总结出了转子结构参数选取原则和方法。

（2）针对双定子风力发电机的永磁/笼障混合转子结构，深入研究了转子内磁障导磁层数对转子耦合能力的影响，得出转子耦合能力随着导磁层数增加而逐渐降低，并趋向于变缓，结合加工工艺，选择转子内磁障合理导磁层数。

（3）基于转子结构确定和参数选取原则，以 300kW 永磁/笼障混合转子耦合双定子风力发电机为研究对象，采用田口法优化该发电机主要尺寸。在此基础上，确定了该发电机一套较优的转子结构参数且分析了转子耦合能力。

（4）基于电机的基本结构，分析了永磁/笼障混合转子耦合双定子风力发电机的结构特点、不同绕组结构特点和绕组电动势，总结出了该类发电机模块化分配与绕组并联支路对数、定子槽数、极对数之间的关系，确保各个模块电磁兼容和良好的容错性。

第6章　双定子风力发电机的温度场计算

热管理是电机可靠运行的关键技术，而温升的高低和分布是反映热管理是否成功的重要考核指标。因此，在电机设计阶段，需要选择适宜的冷却系统并对电机的损耗及电机内的温升分布进行准确计算。温升计算涉及流体力学、传热学和电磁学等各方面知识。传统温度场计算方法主要有"场算"和"路算"，"场算"要求结构网格剖分精度较高，但是所需计算时间周期较长、无法获知结构内部传热规律；然而"路算"具有速度快、效率高的特点，使其成为电机温度计算的首选。由于设计电机结构较复杂，电机温度计算精度很大程度取决于零部件之间热阻数学模型的建立。因此，需要研究具有永磁/笼障混合转子的双定子风力发电机的热阻数学模型，建立该发电机的热网络模型，精确计算该发电机温升，并总结该类电机内部热分布规律，找出局部过热点，从而通过合理设计使之降低，进而保证电机的热可靠性。

6.1　电机热网络等效处理

6.1.1　绕组等效

等效热网络法是将电机主要部件按其结构型式和发热散热特点来划分成许多网格（温升计算单元），各网格通过热导串联起来，使电机内部的温度场离散为等效热网络，通过网络求解获得各点温度值。

采用热网络法计算永磁/笼障混合转子耦合双定子风力发电机温升，需要建立该发电机有限元模型，如图 6.1 所示。

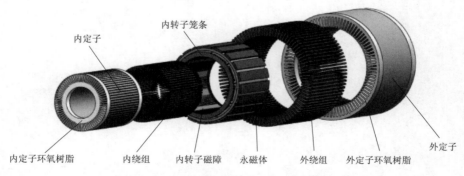

图 6.1　双定子风力发电机有限元模型

由于定子槽内含有多套、多层或不同线径的绕组，每根绕组均包含导体和绝缘，同时每套绕组均包含绝缘。在温度场理论计算或建模仿真时，不可能将电机每根导体均考虑。

为了分析方便，定子槽作如下假设：

（1）铜线的绝缘漆均匀分布。

（2）忽略股线间由于绝缘漆膜存在所造成的温差。

基于电机计算方便，结合该发电机假设，定子槽内的计算区域采用等效处理，其结构如图 6.2 所示。

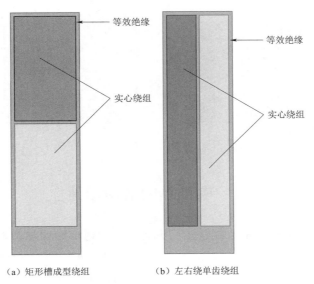

（a）矩形槽成型绕组 （b）左右绕单齿绕组

图 6.2　定子槽模型

为了简化理论计算和降低模型仿真的难度，同时保证计算的精度，将绕组截面进行分层等效计算，各等效层的等效面积受到铜绕组线径、导体数、导体绝缘漆厚度以及槽面积的影响。将定子槽内的槽绝缘厚度、导线的绝缘漆厚度、环氧树脂厚度等效为 δ_1、δ_2、δ_3，与其对应的导热系数分别为 λ_1、λ_2、λ_3。用一个总的等效绝缘层的导热系数 λ 来代替槽绝缘、导线的绝缘漆、环氧树脂的导热系数，其计算表达式为

$$\lambda = \frac{\delta_1 + \delta_2 + \delta_3}{\dfrac{\delta_1}{\lambda_1} + \dfrac{\delta_2}{\lambda_2} + \dfrac{\delta_3}{\lambda_3}} \tag{6.1}$$

6.1.2　笼障转子等效

永磁/笼障混合转子耦合双定子风力发电机的单个笼障转子如图 6.3 所示，其中包含一个磁障和嵌入非导磁层的笼条。根据其对称性，将单个转子的右侧一半等效为如图 6.4 所示，其中白色部分为空气，灰色部分是材料为硅钢片的磁障。

将图 6.4 从左至右拆分为 9 列，每列包含相同底长的不同材料，并将每列中相同材料的部分进行合并，内转子拆分结构如图 6.5 所示。

图 6.3　单个笼障转子

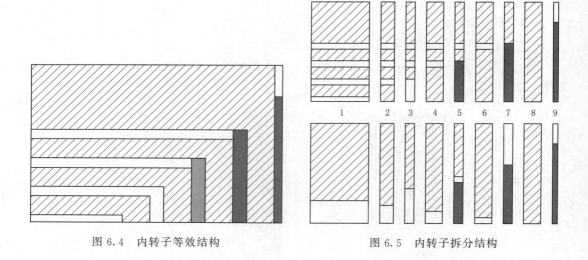

图 6.4　内转子等效结构　　　　图 6.5　内转子拆分结构

6.2　电机热网络模型建立

由于永磁/笼障混合转子耦合双定子风力发电机的内部结构复杂，对该发电机求解模型作出如下假设：

（1）电机的温度分布沿圆周方向对称，认为电机在圆周方向的冷却边界条件相同。

（2）电机各表面散热系数和各部件材料导热系数恒定，散热系数和导热系数不随温度的变化而改变。

（3）忽略槽内集肤效应对绕组的影响。

（4）将电机旋转轴与静止轴等效为一个整体轴。

（5）定子中功率绕组和控制绕组在定子槽内均等效为一个绕组，在槽内绕组发热均匀，忽略绕组的集肤效应。

（6）内外绕组端部平直化处理，以等长的直导体代替，绕组端部被填充的环氧树脂包裹。

（7）电机内部产生的损耗均匀分布在生热部件上，并且产生的损耗没有损失，全部用来发热。

基于上述假设，以 300kW 永磁/笼障混合转子耦合双定子风力发电机的 1/5 三维模型为例，研究该发电机的温升，其结构模型如图 6.6 所示。

图 6.6　双定子风力发电机的 1/5 三维模型

6.3 电机等效热网络法温度计算

6.3.1 等效热网络模型

基于永磁/笼障混合转子耦合双定子风力发电机的三维模型，结合电机的假设条件，采用等效热网络法将该发电机模型用正交网络划分为多个区域，这些区域的中心处设定为待求电机温度的节点，节点之间由热阻相连，与空气接触的部件的节点在计算时还需考虑对流散热的热阻。节点分为无源节点、有源节点和环氧树脂节点。建立永磁/笼障混合转子耦合双定子风力发电机的等效热网络模型，如图 6.7 所示，其中"○"为无源节点、"◎"为有源节点、"□"为环氧树脂节点、"—"为热传导、"⊥"为对流散热。

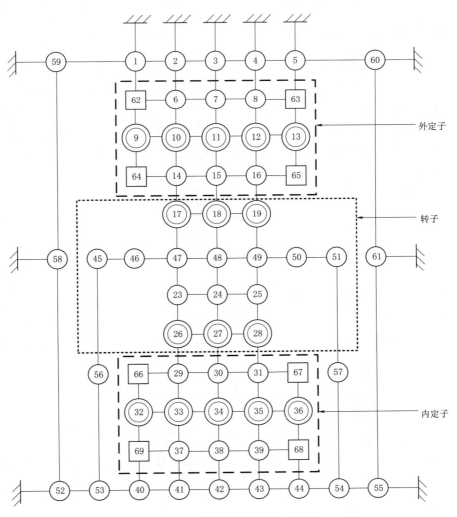

图 6.7 电机的等效热网络模型

由图 6.7 所示，永磁/笼障混合转子耦合双定子风力发电机各部件对应节点见表 6.1。

表 6.1　　　　　　**永磁/笼障混合转子耦合双定子风力发电机各部件对应节点**

部　件	节　点	部　件	节　点
机壳	1～5	短路笼条	26～28
外定子轭	6～8	内定子齿	29～31
外绕组	9～13（9、13 为绕组端部）	内绕组	32～36（32、36 为绕组端部）
外定子齿	14～16	内定子轭	37～39
外环氧树脂	62、63、64、65	静止轴	40～44、53～55
永磁体	17～19	内环氧树脂	66～69
转子	46～50	电机前后端盖	58～61
内转子磁障	23～25	转子前后端盖	45、51、56、57

6.3.2　热阻数学模型分析

热量传递是自然界普遍存在的一种自然现象。只要物体之间或同一物体的不同部分之间存在温度差，就会有热量传递现象发生，并且将一直持续到温度相同时为止。热量传递方式有传导、对流和辐射 3 种。这 3 种传递方式是同时存在的，并且同时进行传递，但是在热量传递时各种所占比例不同。电机发热热量传递主要是空气对流和导体导热，辐射占的比重较小。因此，本书研究电机等效热网络计算中仅考虑热传导的热阻与热对流的热阻，而不考虑电机热辐射。

传导热阻计算公式为

$$R_{\mathrm{d}}=\frac{L}{\lambda S_{\mathrm{d}}} \tag{6.2}$$

式中　R_{d}——传导热阻；

　　　L——传热距离；

　　　λ——材料的导热系数；

　　　S_{d}——传热面积。

$$R_{\mathrm{v}}=\frac{1}{\alpha_{\mathrm{v}} S_{\mathrm{v}}} \tag{6.3}$$

式中　R_{v}——对流热阻；

　　　α_{v}——材料表面的对流散热系数；

　　　S_{v}——材料表面对流换热面积。

1. 外功率绕组节点 10 与外定子轭部节点 6 之间的热阻

外定子轭部节点 6 与外功率绕组节点 10 之间的计算散热面积取定子槽深 1/3 处，计算为

$$S_{610}=\frac{b_{\mathrm{s}}Q_{\mathrm{o}}l_{\mathrm{ef}}}{3} \tag{6.4}$$

式中　S_{610}——定子槽散热面积；

　　　b_{s}——外定子槽宽度；

Q_o——外定子槽数。

节点 6 与节点 10 之间的热阻计算为

$$R_{610} = \frac{\frac{h_y}{2}}{\lambda_y S_{610}} + \frac{h_w}{\lambda_w S_{610}} + \frac{\frac{h_{Cu}}{2}}{\lambda_{Cu} S_{610}} \tag{6.5}$$

式中　R_{610}——节点 6 与节点 10 之间的热阻；

　　　h_y——外定子轭部厚度；

　　　h_w——外功率绕组绝缘层厚度；

　　　h_{Cu}——外功率绕组裸铜导线等效高度；

　　　λ_y——外定子硅钢片径向导热系数；

　　　λ_w——外功率绕组绝缘层导热系数；

　　　λ_{Cu}——外功率绕组导热系数。

2. 外功率绕组节点 10 与外定子齿部节点 14 之间的热阻

外定子齿部节点 14 与外功率绕组节点 10 之间的散热面积取定子齿深 2/3 处，计算为

$$S_{1014} = \frac{2b_t Q_o l_{ef}}{3} \tag{6.6}$$

式中　S_{1014}——定子齿散热面积；

　　　b_t——外定子齿宽度。

节点 10 与节点 14 之间的热阻计算为

$$R_{1014} = \frac{b_t}{2\lambda_y S_{1014}} + \frac{h_w}{\lambda_w S_{1014}} + \frac{b_{Cu}}{2\lambda_{Cu} S_{1014}} \tag{6.7}$$

式中　R_{1014}——节点 10 与节点 14 之间的热阻；

　　　b_{Cu}——外功率绕组裸铜导线等效宽度。

3. 外功率绕组节点 10 与节点 11 之间的热阻

外功率绕组节点 10 与节点 11 之间的热阻计算为

$$R_{1011} = \frac{l_{ef}}{3\lambda_{Cu} Q_o h_{Cu} b_{Cu}} \tag{6.8}$$

式中　R_{1011}——节点 10 与节点 11 之间的热阻。

4. 外功率绕组节点 10 与节点 9 之间的热阻

热量从绕组端部传到空气时，需经过端部绝缘地传到热阻，然后经过端部表面的表面散热热阻，其表达式为

$$R_{910} = R'_{910} + R''_{910} \tag{6.9}$$

式中　R_{910}——节点 9 与节点 10 之间的热阻；

　　　R'_{910}——节点 9 与节点 10 之间的传导热阻；

　　　R''_{910}——节点 9 与节点 10 之间的散热热阻。

$$\begin{cases} R'_{910} = \dfrac{h_{co}}{\lambda_w Q_o l_{Eo} l_c} \\[3mm] R''_{910} = \dfrac{1}{\alpha_w Q_o l_{Eo} l_c} \end{cases} \qquad (6.10)$$

式中　R'_{910}——节点 9 与节点 10 之间的传导热阻；

$\qquad R''_{910}$——节点 9 与节点 10 之间的散热热阻；

$\qquad l_{Eo}$——外功率绕组端部长；

$\qquad l_c$——导体连同绝缘的表面周长；

$\qquad h_{co}$——外功率绕组端部绝缘厚度；

$\qquad \alpha_w$——外功率绕组端部表面散热系数。

5. 转子节点 47 与转子内笼障结构节点 23 之间的热阻

转子节点 47 与转子内笼障结构节点 23 之间的热阻计算为

$$R_{4723} = \frac{1}{\dfrac{2\pi\lambda_r l_{ef}}{3}} \ln \frac{D_r}{D_r - \dfrac{h_r}{2}} + \frac{R}{2} \qquad (6.11)$$

式中　R_{4723}——节点 47 与节点 23 之间的热阻；

$\qquad \lambda_r$——转子导热系数；

$\qquad D_r$——转子外径；

$\qquad h_r$——转子厚度；

$\qquad R$——磁障热阻。

300kW 永磁/笼障混合转子耦合双定子风力发电机转子内笼障由 10 个磁障和笼条组成，每个磁障包含 4 个导磁层与非导磁层。由于永磁/笼障混合转子耦合双定子风力发电机结构复杂，不能使用现有的一般热阻公式直接计算转子与磁障之间的热阻，因此需要对磁障热阻的计算进行详细分析。

等效热网络法计算中，传热热阻的计算以电机的径向为主，并认为电机温度分布和散热条件沿圆周方向对称，因此针对转子复杂的磁障结构，提出一种计算磁障转子整体热阻的方法。

以转子内笼障节点 23 为例，其等效结构如图 6.4 所示。对每列中每个材料竖直方向热阻进行计算，其计算为

$$R_{czairm} = \frac{l_{airm}}{\dfrac{d_m \lambda_{czair} l_{ef}}{3}} \qquad (6.12)$$

式中　l_{airm}——第 m 列空气竖直方向上的传热距离；

$\qquad d_m$——第 m 层空气水平方向上的距离；

$\qquad \lambda_{czair}$——空气的导热系数。

根据热传导定律，热路中合成热阻的计算方法与电路中求解电阻计算方法相似，每列的总热阻为每列中不同材料竖直方向热阻的串联，列与列之间的热阻则为并联关系。基于转子单个内笼障等效结构，绘制热阻关联图如图 6.8 所示。

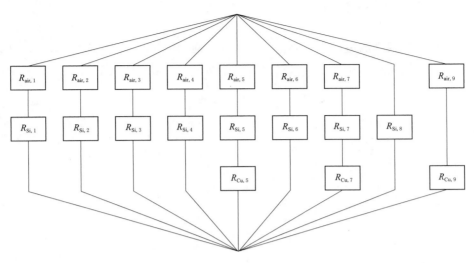

图 6.8 单个转子内笼障热阻关联图

由图 6.8 可知,计算单个转子内笼障总的热阻为

$$R = \frac{2p_r}{\sum\limits_{i=1}^{9} \dfrac{1}{R_i}}$$ (6.13)

其中

$$R_i = R_{air,i} + R_{Si,i} + R_{Cu,i}$$ (6.14)

式中 $R_{air,i}$——空气的散热热阻;

   $R_{Si,i}$——转子硅钢片的传导热阻;

   $R_{Cu,i}$——笼条铜材料的传导热阻。

6. 转子内笼障节点 26 与内定子齿部节点 29 之间的热阻

节点 26 与节点 29 之间的散热面积计算为

$$S_{2629} = \frac{Q_i b_{ti} l_{ef}}{3}$$ (6.15)

式中 S_{2629}——内气隙散热面积;

   b_{ti}——内定子齿宽度;

   Q_i——内定子槽数。

计算节点 26 与节点 29 之间的热阻为

$$R_{2629} = \frac{R}{2} + R_{\delta i} + \frac{h_{ti}}{2\lambda_y S_{2629}}$$ (6.16)

式中 h_{ti}——内定子齿高度;

   $R_{\delta i}$——内气隙热阻。

$$R_{\delta i} = \frac{2\delta_{in}}{\pi \lambda_{air} Nu D_{i1} l_{ef}}$$ (6.17)

式中 δ_{in}——内气隙;

λ_{air}——空气的导热系数；

Nu——无量纲的努塞尔系数。

由于气体在气隙中的运动受到外定子内侧静止面和转子外侧旋转面的影响，可以使用特依洛尔数来确定其运动状态。特依洛尔数是一个无量纲数，其计算为

$$T_a = \frac{r_a^{0.5} \delta_{in}^{1.5} \omega}{v} \tag{6.18}$$

式中　T_a——特依洛尔数；

ω——转子角速度；

v——空气黏性系数；

r_a——内气隙中心半径。

$$r_a = \frac{r_{in1} + r_{in2}}{2} \tag{6.19}$$

式中　r_{in1}——内气隙的内径；

r_{in2}——内气隙的外径。

当 $T_a \leqslant 41.2$ 时，气隙中的流体处于层流状态，努塞尔系数等于 2，气隙的散热主要依靠气隙内气体进行热传导。

当 $T_a > 41.2$ 时，气隙中的流体处于紊流状态，气隙的散热能力增强，此时的努塞尔系数 Nu 计算为

$$Nu = 0.42 T_a^{0.5} Pr^{0.5} \tag{6.20}$$

式中　Pr——无量纲的普朗特系数。

气隙散热系数为

$$\alpha_\delta = \frac{Nu\lambda}{\delta} \tag{6.21}$$

6.3.3　损耗计算

1. 铁耗计算

基于电机磁场的分析，该发电机的磁场除基波之外还含有谐波，其在定转子铁芯中产生不同频率谐波，增加铁芯损耗。目前铁芯损耗计算模型有经典 Bertotti 铁耗分离模型、正交分解模型、改进 Bertotti 模型、E&S 矢量磁滞模型和改进型 E&S 模型等，对其进行比较（表 6.2）。基于目前铁耗计算模型，结合该发电机结构特点，本书采用改进型 E&S 铁耗模型计算永磁/笼障转子耦合双定子风力发电机的铁芯损耗。

基于改进型 E&S 铁耗模型，以 300kW 永磁/笼障混合转子耦合双定子风力发电机为例，计算该发电机的铁芯损耗为

$$p_{Fe} = \frac{1}{\rho_{Fe} T} \sum_{i=1}^{mm} \sum_{j=1}^{v} M_i \int_0^T \left(H_{rij} \frac{dB_{rij}}{dt} + H_{\theta ij} \frac{dB_{\theta ij}}{dt} \right) dt \tag{6.22}$$

式中　ρ_{Fe}——铁芯材料密度；

H_{rij}、$H_{\theta ij}$——椭圆磁场强度的径向和切向分量；

mm——定、转子铁芯剖分单元总数；

M_i——剖分单元区域的质量。

表6.2 铁 芯 损 耗 计 算 模 型

铁耗计算模型	物 理 意 义
经典 Bertotti 铁耗分离模型	仅考虑基波磁密和交变磁化的影响
改进 Bertotti 模型	考虑谐波磁密和交变磁化的影响
正交分解模型	考虑谐波磁密、交变磁化和旋转磁化的影响
E&S 矢量磁滞模型	考虑谐波磁密、交变磁化和旋转磁化的影响
改进 E&S 模型	考虑谐波磁密、交变磁化和旋转磁化的影响，提高计算精度和速度

为了更准确地反映永磁/笼障混合转子耦合双定子风力发电机内部磁场变化情况，分别在定子轭和定子齿径向 1/3 和 2/3 处选取了相应的特征点；对于转子取若干个特征点，该发电机磁场分布特征点的位置如图6.9所示。分析该发电机主要特征点的磁通密度分布和磁场强度曲线，其结果如图6.10所示。

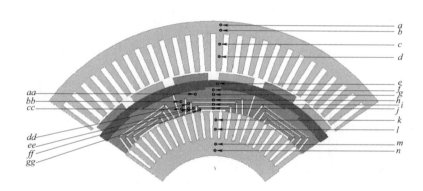

图6.9 永磁/笼障转子耦合双定子风力发电机磁场分布特征点

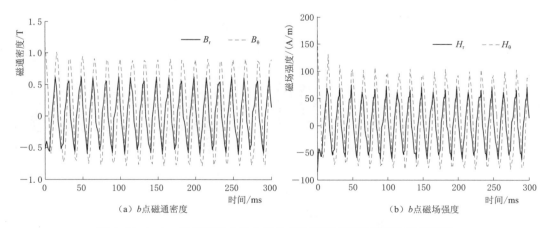

（a）b点磁通密度 （b）b点磁场强度

图6.10（一） 双定子风力发电机铁芯的特征点磁通密度和磁场强度

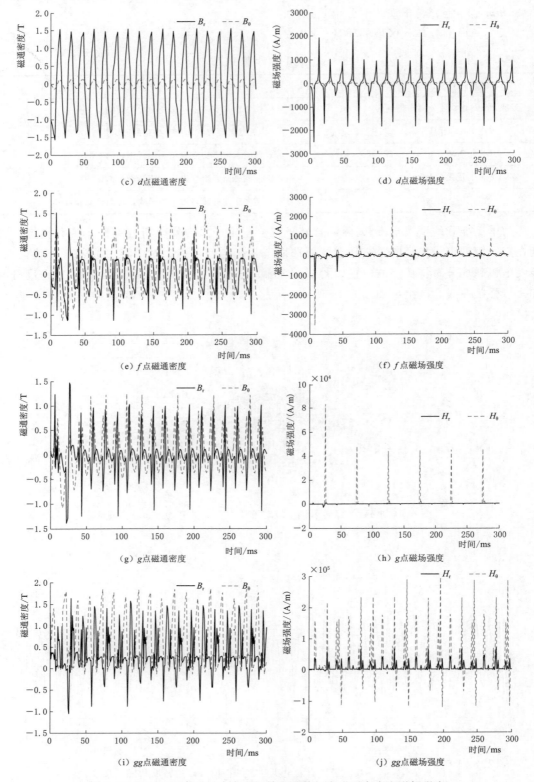

图 6.10（二）　双定子风力发电机铁芯的特征点磁通密度和磁场强度

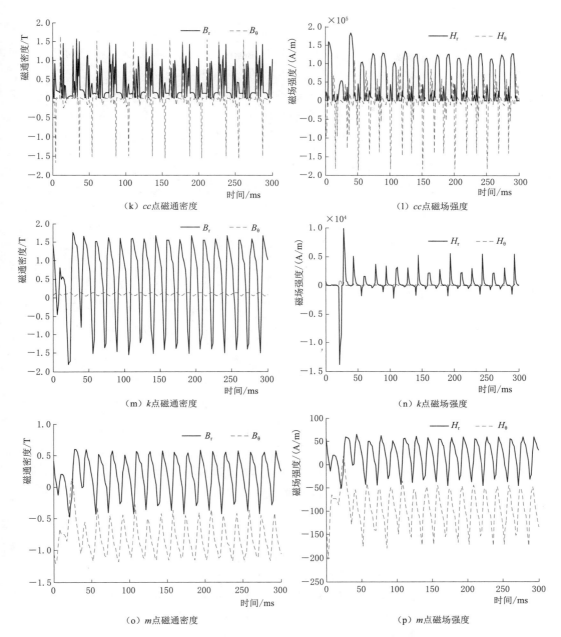

图 6.10（三） 双定子风力发电机铁芯的特征点磁通密度和磁场强度

2. 绕组铜耗

由于该发电机特殊结构和磁场复杂，计算电机铜耗时，不仅需要计算定子绕组铜耗，而且还要计算转子笼条铜耗。对于定子绕组铜耗计算，其计算为

$$p_{Cu} = 3I^2R \tag{6.23}$$

式中　p_{Cu}——定子绕组铜耗；

　　　I——定子绕组电流；

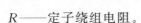

R——定子绕组电阻。

对于转子内笼条铜耗计算，转子笼条的电流是在调制出的谐波磁场作用下产生的。由于该电机磁场谐波比较丰富，因此在转子笼条中会感应出不同频率和不同幅值的电流，所以计算转子笼条铜耗时，应考虑集肤效应对电阻的影响。

本书所研究转子内笼障与常规笼型转子相比，该转子每块磁障中的笼条排布不均匀又连接方式不完全一致。对于整个转子而言，既有结构类似，方法又雷同，所以增加了电机转子铜耗的计算难度。以转子内笼障为例，转子内笼障笼条等效电路如图 6.11 所示。

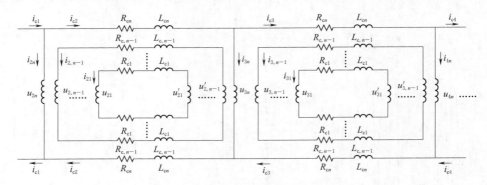

图 6.11　转子内笼障笼条等效电路

转子内笼障中短路笼条的回路电压方程为

$$u_{ij} - u'_{ij} = 2R_{cj}i_{ij} + 2L_{cj}\frac{\mathrm{d}i_{ij}}{\mathrm{d}t} \tag{6.24}$$

式中　　　　i——转子笼条的巢号，$i=1, 2, \cdots, p_{pin}+p_{cin}$；

　　　　　　j——笼条的编号，$j=1, 2, \cdots, n-1$（n 表示笼条组数）；

u_{ij}、u'_{ij}、i_{ij}——第 i 个巢中第 j 个回路左侧和右侧笼条电压降以及电流；

　　R_{cj}、L_{cj}——第 j 个回路中端部电阻和漏感。

转子内笼障中公共笼条的回路电压方程为

$$u_{ni} - u_{n,i+1} = 2R_{cn}i_{c,i+1} + 2L_{cn}\frac{\mathrm{d}i_{c,i+1}}{\mathrm{d}t} \tag{6.25}$$

式中　u_{ni}、$u_{n,i+1}$——第 i 个巢中左侧和右侧公共笼条的电压降；

　　　　R_{cn}、L_{cn}——公共端环电阻和漏感；

　　　　$i_{c,i+1}$——连接第 i 和 $i+1$ 个公共短路笼条端环的电流。

考虑笼障转子笼条集肤效应效应的影响，则转子内笼障铜耗计算为

$$p_{rCuin} = \sum_{i=1}^{p_{pin}+p_{cin}} \sum_{j=1}^{n-1} \sum_{k=1}^{m} \{\beta_k[I_{ij,k}^2(2R_{cjin}+2R_{bjin})R_{rjin}+I_{in,k}^2R_{bin}+2I_{ci,k}^2R_{cnin}]\} \tag{6.26}$$

式中　β_k——转子笼条电阻增加系数；

　　　R_{bin}——转子内笼障公共笼条的直线部分的电阻；

　　　m——笼条层数；

R_{cjin}、R_{bjin}——转子内笼障第 j 个短路回路的端电阻和导条直线部分的电阻。

基于上述方法，计算 300kW 永磁/笼障混合转子耦合双定子风力发电机绕组铜耗，其结果见表 6.3。

表 6.3 电 机 各 部 件 损 耗

参数	外绕组	内绕组	内转子笼条	外定子铁芯	内定子铁芯	转子铁芯
损耗/W	2171	1880	1149	1393	248	64.5

6.3.4 等效热网络法计算

基于电机热阻计算，结合电机的损耗计算，分析每个该电机内部各个节点之间的热传递关系，写出每个支路热阻后，根据热平衡原理，对于第 n 个节点，其热平衡方程为

$$-G(1,n)T_1-G(2,n)T_2-\cdots-G(n-1,n)T_{n-1}+G(n,n)T_n$$
$$-G(n+1,n)T_{n+1}-G(66,n)T_{66}=W_n \tag{6.27}$$

式中 $G(n,n)$ —— 节点 n 的自热导；

$G(i,n)$ —— 节点 n 的互热导。

65 个节点的热平衡方程为

$$GT=W \tag{6.28}$$

其中

$$\begin{cases} T=\begin{bmatrix} T_1 & T_2 & \cdots & T_{66} \end{bmatrix}^T \\ W=\begin{bmatrix} W_1 & W_2 & \cdots & W_{66} \end{bmatrix}^T \end{cases} \tag{6.29}$$

式中 G —— 65×65 热导矩阵，$G(i,j)=G(j,i)$；

T —— 66×1 温度矩阵；

W —— 66×1 热源矩阵，热源矩阵为各节点分配的损耗。

根据所建立的热网络分析模型以及热平衡方程组，按照等效热网络法计算出该发电机内外定子、转子、内外绕组、笼条、机壳等部件的温度，其计算结果见表 6.4，并与有限元计算结果作比较，以有限元法计算电机温升为基准（图 6.12）。由结果分析可知，采用热网络法计算内定子齿、内绕组温度最高分别为 119.81℃、120.36℃，外定子齿、外绕组温度最高分别为 105.09℃、105.49℃，转子支撑环、永磁体、内转子磁障和内转子笼条温度最高分别为 105.92℃、105.75℃、106.44℃和 106.34℃；而有限元法计算相对应部件，其相对应部件温度相对误差均小于 10%，验证了热网络法计算结果的准确性，同时也验证了所提出的绕组和铁耗计算模型和方法的有效性和合理性。两种方法计算电机温度见表 6.5。

表 6.4 300kW 永磁/笼障混合转子耦合双定子风力发电机节点温度

部件	节点温度/℃				
机壳	(1) 76.29	(2) 96.35	(3) 101.63	(4) 98.86	(5) 84.10
外定子轭		(6) 97.97	(7) 102.65	(8) 100.29	
外绕组	(9) 101.21	(10) 103.29	(11) 105.49	(12) 104.42	(13) 102.42

部件	节点温度/℃			
外定子齿		(14) 101.85	(15) 105.09	(16) 103.40	
外环氧树脂	(62) 80.28	(64) 96.97		(65) 98.18	(63) 81.68
永磁体		(17) 92.45	(18) 105.75	(19) 93.22	
转子支撑环		(47) 92.55	(48) 105.92	(49) 93.30	
内转子磁障		(23) 92.39	(24) 106.44	(25) 93.1	
内定子齿		(29) 115.9	(30) 119.81	(31) 117.64	
内绕组	(32) 117.15	(33) 119.15	(34) 120.36	(35) 118.62	(36) 117.06
内定子轭		(37) 113.03	(38) 118.49	(39) 115.77	
静止轴	(40) 109.91	(41) 111.72	(44) 117.81	(54) 114.85	(55) 104.70
内环氧树脂	(69) 63.48	(66) 91.88		(67) 111.36	(68) 98.14
内转子笼条		(26) 91.87	(27) 106.34	(28) 92.55	

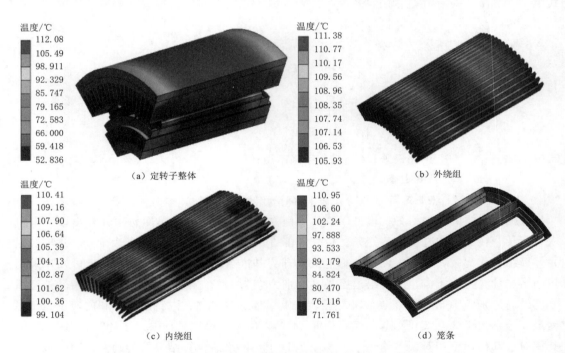

（a）定转子整体　　（b）外绕组　　（c）内绕组　　（d）笼条

图 6.12　300kW 永磁/笼障混合转子耦合双定子风力发电机温升分布

表 6.5　　　　　　　　　　　两种方法计算电机温度

部件	电机温度/℃		温度最大值误差/%
	有限元法	热网络法	
外定子	100.43～111.41	97.97～105.09	5.67
外绕组	105.93～111.38	101.21～105.49	5.29
外环氧树脂	78.595～107.64	6.43～98.18	8.76

续表

部件	电机温度/℃		温度最大值误差/%
	有限元法	热网络法	
永磁体	86.84~110.84	92.45~105.09	5.19
内转子磁障	93.46~110.95	92.55~105.92	4.16
内转子笼条	71.76~110.95	63.48~106.34	4.16
内环氧树脂	97.14~102.84	91.88~111.36	8.52
内定子	87.51~110.88	113.03~119.81	8.05
内绕组	99.10~110.41	115.54~120.36	9.01

6.4 小 结

对永磁/笼障混合转子耦合双定子风力发电机绕组、绝缘、转子内笼障进行等效处理；同时对电机的绕组、笼条和铁芯进行损耗计算，尤其是铁芯损耗采用改进型 E&S 铁耗模型。在此基础上，建立该发电机的热网络模型，计算和分析 300kW 永磁/笼障混合转子耦合双定子风力发电机各部件温升，并采用有限元法验证其结果。由结果分析可知，两种方法计算结果相对误差均小于 10%，验证了热网络法计算结果的准确性，同时也验证了所提出的转子内笼障等效、绕组和铁耗计算模型和分析方法的有效性和合理性，为该类发电机后续研究冷却系统奠定基础。

第7章 总结与研究展望

7.1 总 结

　　针对永磁/笼障混合转子耦合双定子风力发电机，对该发电机的机理、磁场分析、电磁设计原则和方法、模块化实现方案、转子优化设计、温升计算、参数计算及性能计算CAD软件开发等问题进行了较为全面的深入研究，并与常规风力发电机作比较，现将主要研究成果和创新点归纳如下：

　　(1) 针对永磁/笼障混合转子耦合双定子风力发电机在原理和结构上均与常规同步发电机有较大差异，现有的理论和方法不能直接应用于该种发电机，深入研究了该种发电机的磁场调制理论。基于电机的基本结构和工作原理，推导出了该发电机双气隙磁通密度；结合该发电机的基本电磁关系，推导出了其稳态耦合电路、电压方程、电流方程、电磁转矩和等效电路。基于该发电机的等效电路，通过电压方程推导出了该发电机在稳态运行下的有功功率和无功功率。这些为该种发电机磁场调制提供理论支撑，同时也为该类电机设计、性能分析提供有益参考和帮助。

　　(2) 提出永磁/笼障混合转子耦合双定子风力发电机的分层解析模型，研究了其永磁体、绕组等效电流密度，推导出了该发电机的磁通密度。基于电机的结构，结合电机的假定条件，建立了永磁/笼障混合转子耦合双定子风力发电机分层解析模型。在此基础上，采用逐槽法对功率绕组、控制绕组、笼条和永磁体按实际分布情况计算等效电流密度。基于电机分层解析模型和绕组等效电流密度，采用分离变量法推导出了永磁/笼障混合转子耦合双定子风力发电机各区矢量磁位，结合该发电机边界条件，推导出了永磁体、功率绕组励磁、控制绕组励磁单独作用下该发电机的各区磁通密度，然后将不同励磁作用下的该发电机各区磁通密度进行叠加。在此基础上，以300kW永磁/笼障混合转子耦合双定子风力发电机为研究对象，分析了该发电机内外气隙磁通密度，并与有限元法分析作比较，两者结果相对误差分别为 8.56%、10.05%，验证了解析法的正确性和有效性，为分析该种发电机的磁场奠定了理论基础。

　　(3) 为了提高双定子风力发电机的转矩密度，降低绕组电动势畸变率，深入研究了该发电机内外单元电机功率分配原则、主要尺寸确定方法、极槽配合规律、定子绕组连接方式，总结出了该发电机的设计原则和方法。基于永磁/笼障混合转子耦合双定子风力发电机的功率关系和设计要求，推导出了其内外单元电机输出功率之比与内外定子直径之间的关系，结合该发电机的技术要求和主要尺寸关系，确定了其主要尺寸。在此基础上，以300kW 永磁/笼障混合转子耦合双定子风力发电机为研究对象，采用有限元法分析了不同极槽配合对齿槽转矩、转子耦合能力以及气隙磁密的影响。同时，为了保证内外单元电机电磁特性一致和提高电机效率，研究了绕组连接方式对电机性能的影响。基于上述该种发电机的设计原则和方法，设计了一台 3MW 永磁/笼障混合转子耦合双定子风力发电机和一台 300kW 永磁/笼障混合转子耦合双定子风力发电机，并分析了该发电机性能；同时开发了该类发电机性能计算 CAD 软件平台。

（4）提出一种新型永磁/笼障混合转子结构，研究了转子结构参数对电机性能参数的影响，揭示了转子结构参数对转子耦合能力影响的变化规律。基于确定的转子结构，采用有限元法分析了转子极弧系数、导磁层数目、导磁层与非导磁层宽度比和笼条数等结构参数对该发电机转子耦合能力的影响，总结出了转子结构参数选取原则和方法；同时采用田口法优化永磁体、转子支撑环等参数，通过漏磁密度与气隙磁通密度之比、有用谐波与基波之比等参数受结构参数影响的分析，以 300kW 永磁/笼障混合转子耦合双定子风力发电机为研究对象，确定了一套较优的转子结构参数选取方案。

（5）提出永磁/笼障混合转子耦合双定子风力发电机的模块化方案，总结出了该类发电机模块化分配与绕组并联之路对数、定子槽数、极对数之间的关系，确保各个模块电磁特性的一致性。基于双定子风力发电机的结构，结合电机运输的要求，提出该类发电机模块化个数与定子槽数、极对数之间关系；同时也总结出内单元电机绕组并联支路数与功率绕组极对数、控制绕组极对数之间最大公约数之间的关系。

（6）提出适用于高转矩密度电机的电磁场、温度场和流体场的多场耦合优化设计技术。以 300kW 永磁/笼障混合转子耦合双定子风力发电机为例，采用解析法、有限元法和热网络法分析该发电机的电磁场、温度场和流体场。基于解析法和有限元法分析该发电机的电磁性能，结合电机假定条件，采用热网络法分析该发电机的温度场。在此过程中，详细分析了内外气隙的热阻特点，并针对转子内笼障，提出了一种适用于笼障转子热阻的计算方法，并建立各节点的热平衡方程，计算出了每个节点的稳态温度。结果表明，有限元法和热网络法计算相应部件温度误差均小于 10%，其中转子内笼障部分误差为 4.16%。这验证了分析方法的正确性和有效性，同时也验证了电机结构等效处理的合理性和有效性。

（7）根据 PMCBHR‑DSWPG 与 CBR‑DSBDFWPG、DFG、WR‑BDFG 和 PMSG 在转矩密度和成本方面作比较，得到所提出 PMCBHR‑DSWPG 的转矩密度分别为 CBR‑DSBDFWPG、DFG、WR‑BDFG 和 PMSG 的 1.36 倍、3.43 倍、2.04 倍和 1.03 倍；同时提出 315kW PMCBHR‑DSWPG 每千瓦材料成本略高，但是提出电机的功率等级仅是比较电机功率等级的 1/10～1/7。若所提出的 PMCBHR‑DSWPG 达到兆瓦级，则其每千瓦成本会降低，这也是要求单机容量尽可能大的原因。

7.2 研 究 展 望

本书针对永磁/笼障混合转子耦合双定子风力发电机进行了理论分析、电磁设计、转子优化、模块化方案、参数计算以及性能计算 CAD 软件开发、温升计算，取得了一些有重要价值的研究成果。这只是该种发电机理论研究的一部分，仍有待于继续深入研究，具体问题如下：

（1）本书介绍了双定子风力发电机的设计，通过分析表明该发电机满足设计电机要求。由于双定子和永磁/笼障混合转子的存在，该种发电机的结构相对特殊，目前尚未形成完整的包含优化算法的电磁设计程序。为了进一步提高该种发电机的功率密度和加速该类发电机的推广应用，应着手开展此研究。

（2）基于双定子风力发电机的电磁设计、温升计算，结合电机的特殊结构，尚需研究该种发电机的冷却系统、机械强度和控制系统，进一步完善该发电机理论，加快该种电机的推广和应用。

（3）本书研究具有永磁/笼障混合转子的双定子风力发电机应用于风力发电中，仅从发电机本体考虑，对于风速、环境、服役质量和单位发电成本等因素没有考虑；同时与常规风力发电机仅从转矩密度、风电机组特征和经济价格作比较，有待于进一步从环境、风电机组单位发电成本等因素深入研究。为了加快该种发电机应用于风力发电，后续需要综合考虑与该风力发电相关的研究。

参 考 文 献

［1］ 黄守道，高剑，罗德荣. 直驱永磁风力发电机设计及并网控制 ［M］. 北京：电子工业出版社，2014.

［2］ 刘学忠，王放文，张天龙. 5MW 海上风力发电机绝缘系统的海洋环境模拟试验研究 ［J］. 高压电器，2015，51 (5)：14-18.

［3］ Belkacem Y，Drid S，Makouf A，et al. Multi-agent energy management and fault tolerant control of the micro-grid powered with doubly fed induction generator wind farm ［J］. International Journal of System Assurance Engineering and Management，2022，13 (1)：267-277.

［4］ 刘豪，牛姿懿，宋亚凯. 永磁/笼障混合转子双定子风力发电机电磁设计与性能分析 ［J］. 太阳能学报，2023，44 (5)：432-441.

［5］ 于思洋. 兆瓦级复合转子无刷双馈风力发电机分析与设计方法研究 ［D］. 沈阳：沈阳工业大学，2018.

［6］ El-Naggar Ahmed，Erlich Istvan. Fault current contribution analysis of doubly fed induction generator-based wind turbines ［J］. IEEE Transactions on Energy Conversion. 2015，30 (3)：874-882.

［7］ Sajjad Tohidi. Analysis and simplified modelling of brushless doubly-fed induction machine in synchronous mode of operation ［J］. IET Electric Power Applications. 2016，10 (2)：110-116.

［8］ Vardhan Aanchal Singh S.，Sinha，U. K. Control strategies and performance analysis of doubly fed induction generator for grid-connected wind energy conversion system ［J］. Electrical Engineering，2023，106 (2)：1-22.

［9］ Liu Y，Chen B，Luo G，et al. Control design and experimental verification of the brushless doubly-fed machine for stand-alone power generation applications ［J］. IET electric power application，2016，10 (1)：25-35.

［10］ Han P，Cheng M，Jiang YL，et al. Torque/Power density optimization of a dual-stator brushless doubly-fed induction generator for wind power application ［J］. IEEE Transactions on Industrial Electronics，2017，64 (12)：9864-9875.

［11］ Nasef Sahar A，Hassan Amal A，Elsayed，Hanaa T，Zahran Mohamed B，El-Shaer，Mohamed K，Abdelaziz Almoataz Y. Optimal tuning of a new multi-input multi-output fuzzy controller for doubly fed induction generator-based wind energy conversion system ［J］. Arabian Journal for Science & Engineering，2022，47 (3)：3001-3021.

［12］ Han P，Cheng M，Luo R S. Design and analysis of a brushless doubly-fed induction machine with dual-stator structure ［J］. IEEE transactions on industrial electronics，2016，31 (4)：1132-1141.

［13］ Chaohao Kan，Taian Rena，Yang Hu，et al. The study of low-harmonic concentric rotor wound brushless doubly fed machine ［J］. IEEJ Transactions on Electrical and Electronic Engineering，2019，14：138-147.

［14］ Abdi Salman，Abdi Ehsan，Oraee Ashknaz，et al. Optimization of magnetic circuit for brushless doubly fed machines ［J］. IEEE Transactions on Energy Conversion，2015，30 (4)：1611-1620.

［15］ 赵荣理，张爱玲，田慕琴，等. 笼型转子无刷双馈发电机的间接功率控制 ［J］. 电机与控制学报，2019，23 (9)：1-8.

［16］ 薛龙坤. 鼠笼式异步风力发电机控制技术研究 ［D］. 西安：西安工业大学，2022.

［17］ Lerui Chen，Yidan Ma，Haiquan Wang，Shengjun Wen，Lifen Guo. A novel deep convolutional neural network and its application to fault diagnosis of the squirrel-cage asynchronous motor under noisy environment ［J］. Measurement Science and Technology，2023，34 (11)：115113.

[18] 路昀菲. 无刷电励磁同步发电机风能利用效率及控制策略研究 [D]. 西安：陕西科技大学，2012.

[19] 李凤婷. 电励磁同步风力发电机无刷励磁控制策略的研究 [D]. 西安：陕西科技大学，2013.

[20] Wang Hao，Zhang Fengge，Guan Tao，Yu Siyang. Equivalent circuit and characteristic simulation of a brushless electrically excited synchronous wind power generator [J]. Frontiers of Mechanical Engineering，2017，12（4）：420－426.

[21] Yahdou Adil，Belhadj Djilali Abdelkadir，Bounadj Elhadj，Boudjema Zinelaabidine. Power quality improvement through backstepping super－twisting control of a DFIG－based dual rotor wind turbine system under grid voltage drop [J]. Arabian Journal for Science and Engineering，2024，49（5）：7145－7162.

[22] Hao Liu，Yue Zhang，Fengge Zhang，Shi Jin，He Zhang，Heng Nian. Design and performance analysis of dual－stator brushless doubly－fed machine with cage－barrier rotor [J]. IEEE Transactions on Energy Conversion，2019，34（3）：1347－1357.

[23] 徐衍亮，王雅玲，刘西全. 双定子永磁同步发电机（Ⅱ）——有限元分析及样机试验 [J]. 电工技术学报，2012，27（3）：68－72.

[24] Habash R W Y，Groza V，Guillemette P. Performance optimization of a dual－rotor wind turbine system [C]. IEEE Electric Power and Energy Conference，2010：1－6.

[25] Peifeng Xu，Kai Shi，Yuxin Sun. Effect of pole number and slot number on performance of dual rotor permanent magnet wind power generator using ferrite magnets [J]. AIP Advances，2017，7（5）：056631－056636.

[26] Yunchong Wang，Shuangxia Niu，Weinong Fu. A novel dual－rotor flux－bidirectional modulation PM generator for stand－alone DC power supply [J]. IEEE Transactions on Industrial Electronics，2019，66（1）：818－828.

[27] Ayoub Kavousi，S. Hamid Fathi，Jafar Milimonfared. Application of boost converter to increase the speed range of dual－stator winding induction generator in wind power systems [J]. IEEE Transactions on Power Electronics，2018，33（11）：9599－9610.

[28] 梅凡. 海上六相双定子永磁同步风力发电机的设计研究 [D]. 上海：上海交通大学，2013.

[29] Xiaoyan Huang，Kaihe Zhang，Lijian Wu. Design of a dual－stator superconducting permanent magnet wind power generator with different rotor configuration [J]. IEEE Transactions on Magnetics，2017，53（6）：2665600.

[30] Zhaoyu Zhang，Siyang Yu，Fengge Zhang，Shi Jin，Xiuhe Wang. Electromagnetic and structural design of a novel low－speed high－torque motor with dual－stator and PM－reluctance rotor [J]. IEEE Transactions on Applied Superconductivity，2020，30（4）：5203605.

[31] 马波. 双定子单转子同步电机的结构和冷却系统的设计与分析 [D]. 沈阳：沈阳工业大学，2020.

[32] 张兆宇，于思洋，张岳，金石，戚子豪，张凤阁. 永磁/磁阻混合转子双定子低速大转矩同步电机冷却及热管理技术研究 [J]. 电机与控制学报，2023，27（11）：114－124.

[33] 刘豪. 笼障转子双定子无刷双馈风力发电机电磁设计与特性分析 [D]. 沈阳：沈阳工业大学，2020.

[34] Ming Cheng，Yu Zeng，XiaoMing Yan，ChangGuo Zhang. Design and analysis of a dual－stator brushless doubly－fed induction machine with a staggered dual－cage rotor [J]. Science China Technological Sciences，2022，65（6）：1318－1329.

[35] 陈益广，沈勇环，黄碧斌. 分段式模块化定子结构直驱永磁同步风力发电机 [J]. 电工技术学报，2007，22（增刊2）：140－145.

[36] T.B. 克里斯滕森，S. 泽默，T. 泽伦森，等. 发电机的外结构 [P]. 中国专利：CN104823355A，2015.

[37] 安忠良. 模块式变速恒压混合励磁风力发电机设计研究 [D]. 沈阳：沈阳工业大学，2011.

[38] 张兆宇，苏金双，刘东旭. 一种可拼装式低速大转矩永磁电机定子结构 [P]. 中国专利：

ZL201320585160. 8，2013.

[39]　佟文明. 大型低速永磁风力发电机的设计研究 [D]. 沈阳：沈阳工业大学，2012.

[40]　张炳义，贾宇琪，冯桂宏. 新型模块组合式定子永磁电机 [J]. 电工技术学报，2015，30 (12)：243-252.

[41]　唐跃. 模块化轮毂电机容错性能与热特性研究 [D]. 哈尔滨：哈尔滨工业大学，2021.

[42]　刘光军，王雪帆，熊飞. 绕线转子无刷双馈电机 'Ⅱ' 型等效电路 [J]. 中国电机工程学报，2016，36 (20)：5632-5638.

[43]　Fengge Zhang，Hao Liu. Study on different connection modes of dual-stator brushless doubly-Fed machine based on field-circuit method [J]. Journal of Electrical Engineering & Technology (JEET)，2019，14 (1)：311-321.

[44]　王凤翔，张凤阁. 磁场调制无刷双馈交流电机 [M]. 长春：吉林大学出版社，2004.

[45]　Udai Shipurkar，Tim D. Strous，Henk Polinder. Achieving sensorless control for the brushless doubly fed induction machine [J]. IEEE Transactions on Energy Conversion，2017，32 (4)：1611-1619.

[46]　Shin Kyung-Hun，Kim Kyong-Hwan，Hong Keyyong. Detent force minimization of permanent magnet linear synchronous machines using subdomain analytical method considering auxiliary teeth configuration [J]. IEEE Transactions on Magnetics，2017，53：1-4.

[47]　黄长喜. 新型磁阻式无刷双馈电机研究及其应用 [D]. 安徽：合肥工业大学，2016.

[48]　Benômar Yassine，Croonen Julien，Verrelst Björn，Mierlo Joeri Van，Hegazy Omar，Belahcen Anouar. On analytical modeling of the air gap field modulation in the brushless doubly fed reluctance machine [J]. Energies，2021，14 (9)：2388.

[49]　Salman Abdi，Ehsan Abdi，Ashknaz Oraee. Equivalent circuit parameters for large brushless doubly fed machines [J]. IEEE Transactions on Energy Conversion，2014，29 (3)：706-715.

[50]　刘豪. 无槽永磁电机的研究与分析 [M]. 长春：吉林大学出版社，2023.

[51]　V Yu Ostrovlyanchik，I Yu Popolzin. Equivalent structure of a double-fed induction motor with a change in frequency of additional voltage for electric drive systems of mine winders [J]. IOP Conference Series：Earth and Environmental Science，2019，377 (1)：012041.

[52]　雷银照. 关于电磁场解析方法的一些认识 [J]. 电工技术学报，2016，31 (19)：11-25.

[53]　汪旭东，袁世鹰，王兆安. 直线运动各向异性媒质中的三维电磁场方程及一般定解问题 [J]. 电工技术学报，2006，21 (6)：59-64.

[54]　章跃进，江建中，屠关镇. 应用数值解析结合法计算旋转电机磁场 [J]. 电工技术学报，2004，19 (1)：7-11.

[55]　唐任远，等. 现代永磁电机理论与设计 [M]. 北京：机械工业出版社，2005.

[56]　Seo Janghoa，Kim Rae-eunbc，Lee，Jae-gil. Hybrid analysis method considering overhang structures for surface permanent-magnet machines [J]. Journal of Electrical Engineering and Technology，2022.

[57]　Heidary Malihe，Naderi Peyman，Shiri Abbas. Modeling and analysis of a multi-segmented linear permanent-magnet synchronous machine using a parametric magnetic equivalent circuit [J]. Electrical Engineering，2022，104 (2)：705-715.

[58]　李琛，章跃进，井立兵. Halbach 阵列半闭口槽永磁电机全局解析法研究 [J]. 中国电机工程学报，2013 (33)：85-94.

[59]　张静，余海涛，施振川. 一种波浪发电装置用低速双动子永磁直线电机运行机理研究 [J]. 电工技术学报，2018，33 (19)：4553-4562.

[60]　Hao Liu，Fengge Zhang，Rui Dai. Air-gap magnetic field analysis of dual-stator brushless doubly-fed generator based on analytic method [C] //2019 IEEE Transportation Electrification Conference and Expo，Asia-Pacific (ITEC)，Jeju，Korea，2019：1-6.

［61］ 章跃进，江建中，崔巍. 数值解析结合法提高电机磁场后处理计算精度［J］. 中国电机工程学报，2007（3）：68－73.

［62］ Hassan Moradi CheshmehBeigi, Layegh Behroozi. Analytical design, electromagnetic field analysis and parametric sensitivity analysis of an external rotor permanent magnet－assisted synchronous reluctance motor［J］. Electrical Engineering, 2020, 102（4）：1947－1957.

［63］ 陈世坤. 电机设计［M］. 2版. 北京：机械工业出版社，2004.

［64］ Changguo Zhang, Ming Cheng, Yu Zeng. Design and analysis of dual－stator brushless doubly－fed generator for wind turbine［J］. IEEJ Transactions on Electrical and Electronic Engineering, 2022, 17（2）：276－286.

［65］ Hao Liu, Yue Zhang, Shi Jin, Fengge Zhang, Heng Nian, He Zhang. Electromagnetic design and optimization of dual－stator brushless doubly－fed wind power generator with cage－barrier rotor ［J］. Wind Energy, 2019, 22（6）：713－731.

［66］ Mosaddegh Hesar, Hamidrezal, Zarchi, Hossein Abootorabi, Markadeh, Gholamreza Arab. Modeling and dynamic performance analysis of brushless doubly fed induction machine considering iron loss ［J］. IEEE Transactions on Energy Conversion, 2020, 35（1）：193－202.

［67］ Hao Liu, Yakai Song, CHunlan Bai, Guofeng He, Xiaoju Yin. A dual－stator brushless doubly－fed generator for wind power application［J］. Archives of Electrical Engineering, 2023, 72（4）：1073－1087.

［68］ 王玉彬，程明，花为，等. 双定子永磁无刷电机裂比的分析与优化［J］. 中国电机工程学报，2010，30（30）：62－67.

［69］ Ma Cong, Gao Feng, He Guoqing. A voltage detection method for the voltage ride through operation of renewable energy generation systems under grid voltage distortion conditions［J］. IEEE Transaction on Sustainable Energy, 2015, 6（3）：1131－1139.

［70］ 原凯，宋毅，李敬如，等. 分布式电源与电动汽车接入的谐波特征研究［J］. 中国电机工程学报，2018，38（增刊）：53－57.

［71］ Song Si－Woo, Jeong Min－Jae, Kim Kwang－Soo, Lee Ju, Kim Won－Ho. A study on reducing eddy current loss of sleeve and improving torque density using ferrofluid of a surface permanent magnet synchronous motor［J］. IET Electric Power Applications, 2022, 16（4）：463－471.

［72］ Hamed Gorginpour, Hashem Oraee, Ehsan Abdi, et al. Calculation of core and stray load losses in brushless doubly fed induction generators［J］. IEEE Transactions on Industrial Electronics, 2014, 61（7）：3167－3177.

［73］ Juncai Song, Fei Dong, Jiwen Zhao, et al. Optimal design of permanent magnet linear synchronous motors based on Taguchi method［J］. IET Electric Power Applications, 2017, 11（1）：41－48.

［74］ Xi Chen, Xuefan Wang, Ming Kong, Zhenping Li. Design of a medium－voltage high－power brushless doubly fed motor with a low－voltage fractional convertor for the circulation pump adjustable speed drive［J］. IEEE Transactions on Industrial Electronics, 2022, 69（8）：7720－7732.

［75］ Ehsan Abdi, Salman Abdi, Richard McMahon, Peter Tavner. Derivation of equivalent circuit rotor current from rotor bar current measurements in brushless doubly－fed machine［J］. IEEE Transactions on Energy Conversion, 2024, 1－10.

［76］ Yu Yinquan, Pan Yue, Chen Qiping, et al. Multi－objective optimization strategy for permanent magnet synchronous motor based on combined surrogate model and optimization algorithm［J］. Energies, 2023, 16（4）：1630.

［77］ Hamed G, Hashem O, McMahonRichard A. Electromagnetic－thermal design optimization of the brushless doubhly fed induction generator［J］. IEEE Transactions on Industrial Electronics, 2014, 61（4）：1710－1721.

[78] Xiang Z，Zhu X，Quan L，Du Y，Zhang C，Fan D. Multilevel design optimization and operation of a brushless double mechanical port flux - switching permanent - magnet motor [J]. IEEE Transactions on Industrial Electronics，2016，63（10）：6042 - 6054.

[79] 刘晨，郭凯凯. 张乃峰，李聪. 定子永磁型双凸极电机多参数多目标优化设计 [J]. 重庆工商大学学报（自然科学版）（网络首发），2024：1 - 9.

[80] Jong - Min Ahn，Ji - Chang Son，Dong - Kuk Lim. Optimal design of outer - rotor surface mounted permanent magnet synchronous motor for cogging torque reduction using territory particle swarm optimization [J]. Journal of Electrical Engineering & Technology，2021，16（1）：429 - 436.

[81] 孙春阳，骆皓，吴刚，胡盛来，翟长春. 分数槽集中绕组感应电机非主导极次谐波磁动势抑制方法 [J]. 电机与控制应用，2023，50（11）：86 - 95.

[82] 李泽星，夏加宽，刘铁法，郭志研，鲁冰娜. 基于分段交错梯形磁极的分数槽集中绕组永磁电机局部切向力的削弱 [J]. 电工技术学报，2023，38（6）：1447 - 1459，1485.

[83] Franck Sciuller，Florent Becker，Hussein Zahr，Eric Semail. Design of a Bi - Harmonic 7 - phase PM machine with tooth - concentrated winding [J]. IEEE Transactions on Energy Conversion，2020，35（3）：1567 - 1576.

[84] 蒋晓东. 双定子无刷双馈风力发电机机械结构与冷却系统设计研究 [D]. 沈阳：沈阳工业大学，2020.

[85] Chuan Su，Weifang Chen. An improved model of motorized spindle for forecasting temperature rise based on thermal network method [J]. The International Journal of Advanced Manufacturing Technology，2022，119（9）：5969 - 5991.

[86] 宋守许，胡孟成，杜毅，左昊，章帆. 混合定子铁心再制造电机三维温度场分析 [J]. 电机与控制学报，2020，24（6）：33 - 42.

[87] 汪波，黄珺，查陈诚，程明，花为. 多三相分数槽集中式绕组容错电机匝间短路故障温度场分析 [J]. 电工技术学报，2023，38（19）：5101 - 5111.

[88] 崔刚，熊斌，顾国彪. 新能源汽车扁铜线绕组电机槽内绝缘等效导热系数分析与计算 [J]. 电机与控制学报，2021，26（11）：1 - 13.

[89] 张凤阁，蒋晓东，李应光，Zhang Yue，王金松. 新型磁障转子无刷双馈电机热计算 [J]. 中国电机工程学报，2018，38（9）：2745 - 2752.

[90] Wang Qiang，Li Rui，Zhao Ziliang，Liang Kui，Xu Wei，Zhao Pingping. Temperature field analysis and cooling structure optimization for integrated permanent magnet in - wheel motor based on electromagnetic - thermal coupling [J]. Energies，2023，16（3）：1527 - 1527.

[91] Amadou Tinni，Dominique Knittel，Mohammed Nouari，Guy Sturtzer. Electrical - thermal modeling of a double - canned induction motor for electrical performance analysis and motor lifetime determination [J]. Electrical Engineering，2021，103（1）：103 - 114.

[92] 吴胜男，郝大全，佟文明. 基于等效热网络法和 CFD 法高速永磁同步电机热计算研究 [J]. 电机与控制学报，2022，26（7）：29 - 36.

[93] 张健，朱锡庆，张卓然，于立. 电励磁双凸极无刷直流发电机热网络建模与热特性研究 [J]. 中国电机工程学报，2023，43（1）：318 - 328.

[94] 黄国治，傅丰礼. 中小旋转电机设计手册 [M]. 北京：中国电力出版社，2014.

[95] 王鹏亮，张晓威，金鼎铭，邱希望，刘国庆. 不同旋转雷诺数和内外半径比对泰勒库特流动特性的影响 [J]. 流体机械，2022，50（4）：71 - 77.

[96] 薛亚波. 核主泵屏蔽电机间隙流动规律与水力损耗特性研究 [D]. 上海：上海交通大学，2016.

[97] 王晓远，高鹏. 等效热网络法和有限元法在轮毂电机温度场计算中的应用 [J]. 电工技术学报，2016，31（16）：26 - 33.

[98] 赵海森，张冬冬，王义龙. 变频供电条件下感应电机空载铁耗分布特点及其精细化分析 [J]. 中国电机工程学报，2016，36（8）：2260 - 2269.

［99］ 刘洋，张艳丽，谢德馨. 考虑硅钢片矢量磁特性的复数 E&S 模型 ［J］. 中国电机工程学报，2012，32（3）：144－149.

［100］ 张艳丽，刘洋，谢德馨. 耦合改进型矢量磁滞模型的变压器磁场分析及实验研究 ［J］. 中国电机工程学报，2010，30（21）：109－113.

［101］ Zhang Y. ，Chi Q. ，Ren Y. ，Zhang D. ，Koh C. － S. . A new hysteresis loss estimation in the in-duction motor core considering rotating magnetic fields ［J］. Journal of Electrical Engineering and Technology，2019，14（5）：1983－1989.

［102］ Zuo Shuguang，Huang Zhiyong，Wu Zhipeng，Liu Chang. Improved mathematical model and mod-eling of permanent magnet synchronous motors considering saturation，spatial harmonics，iron loss and deadtime effect ［J］. Arabian Journal for Science & Engineering（Springer Science & Business Media B. V. ），2023，48（5）：6939－6955.